# 运输场站与配送中心设计

米雪玉　张林　姜君娜　刘玉秋　著

HEUP 哈尔滨工程大学出版社

## 内 容 简 介

本书分析了我国运输场站的现状及发展趋势,并介绍了运输场站与配送中心设计的一般程序,水运港口、航空机场、铁路站场、停车场、客运站、货运站和汽车检测站的功能、构成及规划布局,物流配送中心的基本概念,我国物流配送中心发展面临的问题,物流配送中心的选址等内容。书中还列举了一些实例,通俗易懂。

本书可作为高等院校交通运输专业、物流专业本科生的教材,也可作为从事运输场站、物流配送中心设计及管理相关领域人员的参考书。

**图书在版编目(CIP)数据**

运输场站与配送中心设计/米雪玉等著. —哈尔滨:
哈尔滨工程大学出版社,2014.8(2020.8 重印)
ISBN 978 - 7 - 5661 - 0891 - 3

Ⅰ.①运… Ⅱ.①米… Ⅲ.①交通运输建筑 - 建筑设
计②物流配送中心 - 建筑设计 Ⅳ.①TU248②TU247

中国版本图书馆 CIP 数据核字(2014)第 197412 号

---

**出版发行** 哈尔滨工程大学出版社
**社　　址** 哈尔滨市南岗区南通大街 145 号
**邮政编码** 150001
**发行电话** 0451 - 82519328
**传　　真** 0451 - 82519699
**经　　销** 新华书店
**印　　刷** 北京中石油彩色印刷有限责任公司
**开　　本** 787 mm×960 mm　1/16
**印　　张** 9.75
**字　　数** 199 千字
**版　　次** 2014 年 8 月第 1 版
**印　　次** 2020 年 8 月第 3 次印刷
**定　　价** 32.00 元
http://www.hrbeupress.com
E-mail:heupress@hrbeu.edu.cn

# 前　言

　　为了加快推进社会主义现代化建设，适应新世纪和谐交通的发展，完善公路交通运输系统，2007 年，交通运输部以国务院批准实施的《国家高速公路网规划》为先决条件，在总结经验、分析需求的基础上，组织编制了《国家公路运输枢纽总体规划》。该规划结合公路运输枢纽发展的最新理念，提出了国家公路运输枢纽的概念，期望通过枢纽的规划建设，促进公路运输枢纽与港口、铁路站场、机场、城市公交等的有机衔接，完善综合运输体系，实现运输过程的"无缝衔接"和"零距离换乘"。

　　《中华人民共和国国民经济和社会发展第十二个五年规划纲要》明确指出，要按照适度超前的原则，统筹各种运输方式发展，基本建成国家快速铁路网和高速公路网，初步形成网络设施配套衔接、技术装备先进适用、运输服务安全高效的综合交通运输体系。

　　交通枢纽是指多条交通运输线路交接而成，具有周转换乘、装卸存储、枢纽管理等功能的综合性设施，显著影响着人、物流的在途时间。其中，服务于两种以上的交通枢纽称为综合交通枢纽。综合交通枢纽对所在区域中心城市的经济发展不但起着不可忽视的带动作用，而且还是城市对外交通的不可或缺的桥梁和纽带。场站又是综合交通枢纽运输作业必不可少的周转地点。

　　道路运输场站是公益性交通基础设施，是道路运输网络的节点，是道路运输经营主体与旅客、货主发生运输交易活动的场所，是培育和发展道路运输市场的载体，也是多种运输方式相互衔接、发展综合运输的组织中心。道路运输场站不但是汽车运输企业组织生产的技术基础，也是沟通城市经济、沟通企业与用户的桥梁，是运输企业对外经营的门市部。场站设计有着重要的作用：首先，场站设计是进行场站管理的神经脉络；其次，场站设计是企业管理的先驱者；最后，场站设计是改变体制、更新场站机能的营养剂。

　　物流配送中心是综合性、地域性和大批量的物资实现物理位移的集中地，它把商流、物流、信息流和资金流融为一体，成为产销企业之间的中介。它是以组织配送性销售或供应，执行实物配送为主要职能的流通型节点。物流配送中心的主要功能是大规模集结、吞吐货物，因此必须具备运输、储存、保管、分拣、装卸、搬运、包装、加工、单证处理、信息传递、结算等主要功能，以及贸易、展示、货运代理、报关检验、物流方案设计等一系列延伸功能。

物流配送设计，从规划学角度，合理分配物流配送中心各个功能分区的比例及优化物流中心内部的路网结构；从建筑学的角度，对物流园区内执行物流基本职能的建筑进行优化、整合，使其尽可能少地占用有限的土地资源，减轻物流园区在建设初期对土地的过量占用与日益突出的农业用地减少之间的矛盾；同时在硬件设施的规划设计上满足物流企业的高效运作要求，方便物流企业员工的使用。

目前各地都存在场站建设缓慢，或是部分建好的场站被嫌偏僻。"先天不足"的背后，其实是前期规划欠考虑和执行乏力问题。例如，2009 年，海口市 8 大公交场站选址、建设，但到 2014 年，公交车占道停放的问题仍未得到明显缓解，至今仍有超过 1 000 辆公交车需占道停放。与之相应，占道停放导致的安全隐患问题日益突出，市民对这些占道停放车辆的怨骂声与日俱增。

目前运输场站与配送中心设计的研究多集中于政策法规方面，教学也都将其分开。现在的货运场站也大多被物流配送中心所取代，配送中心是今后货运配送的集散地。作为交通运输专业的学生，理应了解专业发展的前沿，本书旨在介绍运输场站与配送中心设计的原则、理念方面的研究。

本书在编撰过程中，参考或引用了国内外一些专家学者的论著，在此表示感谢！

本书由河北联合大学米雪玉、张林、姜君娜、刘玉秋著，其中，米雪玉编写第 1，2，6，7，8，9，10 章，张林编写第 3，4，5 章，姜君娜、刘玉秋编写第 11，12 章。由于著者水平有限，书中难免有疏漏和不足之处，敬请读者批评指正。

**著 者**
2014 年 7 月

# 目　　录

# 第1章 绪 论

## 1.1 运输场站发展现状

场站有汽车客、货运站,零担货运站,物流中心,集装箱货运站。"场站设计"中的"设计"并不是具体企业设计、建筑设计,而是功能设计、工艺设计、各类场站的初步设计。

道路运输场站是交通运输必不可少的基础设施,是运输企业的"门市部"。

道路运输场站是公益性交通基础设施,是道路运输网络的节点,是道路运输经营主体与旅客、货主发生运输交易活动的场所,是培育和发展道路运输市场的载体,也是多种运输方式相互衔接、发展综合运输的组织中心。"公益性"是指消费过程中无排他性。[1]

场站,从理论上讲是公益性设施,为广大民众所使用;实际上是经营性基础设施,如建设费,国家或个人投资都要收回成本,带有一定的盈利性。所以它具有两面性,据不同的侧重点而定位不同,目前我国将场站视为公益性设施,但并不排斥它作为经营性基础设施。公益性设施的投资主体必然是政府。它是几种交通干道的节点。市场、场站称为道路运输的有形市场。网络建成后,才真正成为运输市场的载体。

### 1.1.1 我国道路运输场站现状及存在问题

目前我国共有公路客运公司 13 772 家,内部所属车辆 492 237 辆,每家公司平均拥有不到 36 辆车,整体规模偏小,经营分散。由于客运市场集中化程度过低,运输结构难以优化,道路运输行业的经营理念和安全管理水平难以得到有效提高。客运企业的准入门槛较低,这也是目前客运企业多、小、散的源头,而且随着取消挂靠经营模式工作力度的加大,有可能滋生出更多的小规模客运企业,给今后客运市场的安全管理又埋下了新的隐患。

目前我国共有公路交通主枢纽 45 个(城市),其中东部地区 25 个,占 55.6%,中部地区 10 个,占 22.2%,西部地区 10 个占 22.2%。有 24 个设在枢纽港站所在城市(沿海港口基本包括在内),有 28 个设在铁路枢纽所在城市(铁路大枢纽包括在内),有 43 个设在航空港所在地(国际航空港全部包括在内)。到 2010 年底,我国共规划建设 179 个公路运输枢纽,有等级客运站 26 700 个,其中一级客运站 600 余个,二级客运站 3 300 多个,三级客运站 5 000 多个,四级客运站 4 500 余个;日发 180 多万班次,日均发送旅客 3 800 万人次。共有等级货运站 2 500 余个,其中货运零担站 1 000 余个,年完成吞吐量 20 000 万吨,集装箱中转站 340 个,年完成吞吐量 20 000 万吨,其他货运站 1 000 余个,年完成吞吐量 9 800 万吨。道路运输枢纽及场站建设,有力地推动了道路运输有形市场的培育和完善,促进了运输经营者在市场中公平竞争、协调发展,为实现"车进站,人归点"创造了条件。

## 1. 我国场站的发展现状

我国运输场站的现状可以用"少、小、旧、脏、乱、差"这 6 个字来概括。例如在昆明由于历史原因,到 2003 年,主城区建成了 17 个汽车客运站,在 17 个客运站中日输送旅客 5 000 至 10 000 人次的客运站只有 2 个,日输送旅客 2 000 至 5 000 人次的有 4 个,其余 11 个客运站日输送旅客均在 2 000 人次以下。客运站"小、散、弱"的现象明显,一些站舍存在面积小没有发展空间,未来也不具备发展的条件,亏损经营的实际情况,为昆明客运的整体经济运行带来了沉重的包袱。直到客运站规划正式纳入城市整体规划以后,由昆明市交通局、规划局和昆明市规划研究院组织召开了昆明市主城公路客运设施规划专家论证会。制订出规划方案,把主城区 17 个客运站逐步关停 12 个,保留、过渡 5 个,减少支出,缓解经济上的压力,预计到 2020 年,昆明将形成一个由"一主五辅"组成的公路客运体系,真正走上健康发展之路。可见为弥补昆明客运规划上的不足需要花费十余年的时间。

我国现在场站的发展现状具体来说有以下特点:

(1)场站内部的停车场小

20 世纪 80 年代以前,车站隶属于运输企业,"大站房,小车场",个体运输多。我国第一个公用型汽车站是 1972 年建在西安市的解放门汽车站。现在比较好的有杭州汽车站、广州市番禺汽车站、上海汽车客运站(亚洲最大的,几十个售票窗口,24 个检票口,1 800 平方米的候车大厅,每天发送旅客 2 万人次,路线遍布江苏、浙江、福建、广东等 14 个省)。

(2)数量少,分布不均衡

大中城市"一地多站"格局已形成,等级站少,简易站多,使得一些大的正规车站得不到充分发挥作用。目前我国交通主枢纽主要分布在东部,西部较少,东部一省 2~3 个,广东 4 个,西部 1 个。2001 年,交通运输部在西部规划建设的枢纽都是国家二类主枢纽。

(3)建筑陈旧,设施不全

部分汽车客运站,特别是一些规模等级比较低的汽车客运站,建设年代久远,建筑设施老旧,设备老旧。

(4)站容场貌不整洁,环境不好,卫生条件差

车站环境卫生不好,货运站环境差。候车厅遍地是塑料袋、卫生纸、饮料瓶等垃圾;将绿化带当成垃圾场,公交车站台变露天厕所;偶有不文明乘客在绿化带旁休息时,会将果皮或一次性餐盒放在绿化带旁。

(5)管理混乱,体制不一,管理、投资体制混乱

场站有国企,也有私企,还有部分是从原有的事业单位转变成企业,管理制度比较混

乱。投资体制乱,有国家、集体、私人等多种形式。

(6)服务质量差

场站服务水平整体偏低,人员文化水平偏低,素质差。

2.我国运输场站存在的问题

(1)场站的结构层次,性质定位不准确

主枢纽是我国最高层次的场站,各地一味追求大,建站规模偏大,脱离实际需求。

(2)投资主体单一,投/融资体制单一

现在投资主体还是以国家为主,未形成多元化的投资体制,资金相对缺乏。

(3)场站的选址与其他运输方式和城市规划不能很好衔接(主要表现在大中城市)。

(4)建设与运行管理的政策体系不全。

(5)创新速度慢,规模经营化水平低,很难集约化经营。

(6)同类型的场站性质、作用功能区分不明确。

(7)场站的设施简陋,组织、管理水平低,管理落后,组织化程度低,很难形成"场站——道路——车辆——场站"有机联系的系统。

(8)缺乏统一规划。

(9)经营成本高,效益低。

(10)职工的文化、技术素质低,缺乏专业训练及职业道德培训,不适应企业管理的要求。

## 1.1.2 运输市场发展环境

1.经济全球化,为道路运输业带来了需求压力与发展契机

经济全球化是社会生产过程及其产品的国际整合,是市场贸易规则的国际整合,是国际资本在全球范围内的有序流动。它不仅会给道路运输业带来巨大的难以想象和难以预计的经济效益,而且使人们更便捷、经济地到达世界的每一个角落。我国作为世界经济贸易大国之一,在国内外贸易中货运和客运的载体——道路运输业必将面临很大的需求压力,客观要求道路运输业在满足经济社会向循环经济和知识经济发展的基本需求的基础上,建立安全、高效、经济、协调、绿色的交通运输系统,实现资源、环境、交通的和谐统一;运输行业管理者应改变管理理念和管理方式,努力做好"三个服务",主动引导经营者调整经营战略,实施规模化、集约化、公司化、网络化经营,科学化、智能化、信息化管理,以提高企业的核心竞争力和市场竞争力。

2.国民经济持续快速增长,经济总量不断扩大,使运输需求持续旺盛,对道路交通供给能力、布局和结构提出新的要求

近年来,我国经济社会一直保持较快的发展速度。区域经济和经济社会快速发展必

然引发持续旺盛的运输需求,这不仅对道路运输供给能力、布局、结构和建设管理提出新的要求,而且必然使道路交通面临新的环境和挑战。为防止区域经济和社会发展中出现新的"瓶颈",运输决策要高度重视道路运输发展的服务性、通畅性和动态性特点,从强化主动性、预见性和前瞻性出发,实施城乡交通一体化战略,建立适应性强、快捷便利、安全高效的"区域大交通"系统,在保持适度建设规模的前提下,确保道路交通持续、稳定、协调、快速发展。

3. 区域经济特色日益突出,增长模式和方式转变,对道路运输系统的规划、建设和发展提出了新的要求

区域经济多元化的发展,增长格局及结构的变化,对道路运输系统的空间布局和结构重组必将产生重大影响。区域经济增长的差异性,决定了区域内部的运输需求之间的差异,区域经济增长过程中产业结构的变化与调整必然影响道路运输业的空间布局和结构重组。区域产业结构的调整和转化对道路运输供给产生不同需求,省际和区域间产品运输需求将快速增长。为了满足这些运输需求,道路运输业的供给应考量运力的空间布局和结构的调整,特别是运力供给的类别结构,以满足区域经济增长和产业结构变动产生的运输需求。面对经济增长方式和增长模式的转变,道路运输业应改变以资源破坏和环境污染为代价的粗放型发展模式,在保持适当发展速度的同时,确保道路运输与经济社会、资源、环境和能源的可持续协调发展。

4. 产业转移和产业升级对道路运输业提出新的要求和任务

改革开放以来,国际产业向我国转移,对我国的产业结构调整和经济增长都产生了极其深远的影响。在美、日、欧经济增长乏力的情况下,我国将成为国际资本流动和产业转移的主要流入地。随着第二轮西部大开发战略的深入实施,特别是国家鼓励东部企业到西部投资政策的实施,西部地区不仅要承接国际产业的转移,而且也要承接国内产业的转移。面对经济相对落后,运输基础设施建设与供给能力明显落后于发达国家的现实及与未来经济社会发展环境的强大反差,道路运输业的发展必须抓住国内外产业转移和产业结构调整战略的契机与机遇,深入研究和分析客流、货流特征和变化规律,在加大交通基础设施建设投入力度的同时,加快道路运输业的发展,主动适应与满足经济社会发展对道路运输的需要。同时,要根据经济社会需求和可持续发展的要求,优化道路运输结构,推进道路交通技术进步,提高道路运输现代化水平。

5. 国民价值意识的改变促使以"快捷、舒适、安全、经济"为主要特征的客货运输迅速崛起

假日经济、旅游经济和现代物流的发展,使道路运输结构发生了很大的变化。运输经营者不得不设法改善服务环境,提高服务质量,降低运销成本,以优化企业发展环境和提升经济效益。国民休闲时间的增加和多样化出行需求,要求道路客运经营者必须改进经营管理模式,提高公共服务能力;综合物流及其技术的发展,货物小批量、多批次、及时配送的旺盛需求,迫切要求货运经营者调整营销策略,接受甩挂运输、物流及仓储生产理念,发展即

时生产方式,改变配送方法等;节省旅行时间,缩短货物在途时间,是未来社会的必然要求;国民对"行"的品质要求与日提升,以"快捷、舒适、安全、经济"为主要特征的客货运输系统是交通运输发展的必然趋势。因此,进一步增强道路运输的供给能力,提高运输效率和服务质量,以更好地适应经济社会的持续快速发展和经济区域化带来的挑战。

6. 城市化进程加快、土地资源稀缺、人口老龄化、国民环保意识的增强,要求道路运输业在规模和服务范围扩张的同时,必须保持城市交通与城间交通、农村交通的协调发展

城市化是市场经济环境下的经济社会发展的必然趋势。城市化发展必然产生道路运输旺盛的需求,使城市交通运输量和城际间交通运输量增长迅猛,人口和物资流动必将加剧。要满足这种环境需求,一方面要求政府调整运输管理的组织架构,以有利于运输资源的合理配置和优化组合,使有限的资源发挥最大的效益;另一方面要求道路运输业在加快建设城市与城际快速运输通道的同时,注重城市交通运输与城际交通运输及其城乡交通运输的综合协调与系统规划,以促进城乡和区域经济的协调发展,实现经济社会和环境可持续发展的目标。

国民保护生态与环境意识的增强,使运输业成本加大;人口老龄化的来临,要求提供无障碍的出行环境;交通设施用地愈来愈多,使得本就紧张的城市用地更为紧张。因此,未来道路运输业的发展,必须在整合道路运输资源的前提下,建立和完善多模式、多线路、多通道的运输体系,加强包括土地利用、交通运输规划、运输需求管理等在内的宏观调控,处理好城市规划、交通运输与土地利用和环境保护等问题,才能实现道路运输业的发展与经济社会和谐统一。

7. 科学技术迅猛发展,必将促进道路交通运输结构的优化与产业升级,对交通运输业改制提出了新的要求

高新技术产业的飞速发展,加快了运输产业的技术创新进程。计算机信息管理系统(MIS)、全球定位技术(GPS)、移动通信技术(MCS)、电子数据交换技术(EDI)等高新技术和科技成果在运输设施建设与经营管理中的广泛应用,促进道路运输系统结构的优化与产业升级;我国对外开放政策和市场经济体制改革的进一步深化,为道路运输领域的体制改革与发展提供充分的市场化制度环境。

政府职能的转变和完善的宏观经济调控政策体系的建立,为道路运输业的发展提供了更广阔的空间;对外开放领域全面扩大与加速,国外现代大型运输企业集团将进军中国的道路运输市场,使道路运输业的竞争更激烈,国内的道路运输业将面临改制与重组的双重压力。这给道路运输业发展带来前所未有的机遇和挑战,不仅要求交通运输企业的经营管理体制必须与国际通行规则接轨,而且要求交通运输业加快服务创新、技术创新、组织创新、管理创新和制度创新步伐。

8. 道路运输业发展必须统筹协调交通与经济社会、城市与农村、区域之间、交通与资源、交通与自然环境的和谐发展

按照全面、协调、可持续的发展观要求,在道路交通规划、设计、建设、运营和管理各个环节,正确处理交通与经济发展、交通与社会发展、交通与人的全面发展的关系,统筹城乡交通、基础设施改善与运输发展、道路交通与其他运输方式和交通运输规模、结构与服务质量等的协调发展,充分考虑土地资源占用、能源和原材料消耗、各种废弃物排放等对自然生态环境带来的不利影响,建立和完善道路交通可持续发展的长效机制。积极应对气候变化,减少排放温室气体总量,促进发展循环经济,加快融入低碳技术,推广绿色交通,促进人口资源环境与经济社会协调发展,走可持续发展之路。交通运输行业是全国节能减排的重点行业之一,交通运输环境保护工作的意义更为重大,任务也将更为艰巨[2]。

**9. 全面建设小康社会和社会主义新农村要求加快城乡交通一体化进程**

解决"三农"问题,实现城乡经济协调发展,缩小城乡差距,是建设小康社会的必然要求。发展农村交通运输,促进城乡交通一体化,解决农民出行难、运货难问题,促进农村经济社会全面发展,是道路运输业的重要任务。随着农村公路建设的快速推进和农村运输网络的延伸,城乡交通一体化成为大势所趋。统筹城乡交通协调发展,使农村老百姓能够享受到与城市居民相同或相近的出行服务,使城市居民度假休闲有好的去处,是实现社会公平的需要,因此,农村客运公交化是"十二五"交通行政的重点之一。

**10. 以人为本,全面、协调、可持续的发展观,对道路运输安全保障、交通事故预防等提出了更高要求**

建设和谐社会需要以人为本,关注人的生命、健康和权益,注重提高人民的生活水平,促进经济社会协调、可持续发展,这就必然要求道路运输在服务区域经济发展的同时,主动自觉地研究和解决拓展就业渠道、增加国民收入、健全公共服务、保护生态与环境、节约资源与降低能源消耗等与人和社会全面发展、持续发展密切相关的问题。建立健全各种突发事件的交通应急反应机制,提高交通部门应对包括安全事故、自然灾害、突发病疫、恐怖袭击等影响公众安全的突发事件的反应能力。

建立和完善适应市场规律的交通运输体系,根据"政府调节市场、市场引导企业"的原则,依法培育和规范运输市场,建立统一开放、竞争有序的交通运输市场系统是交通运输业赖以生存的先决条件。道路交通因方便、灵活而通达性最强、服务范围最广、承担运量最大,是综合运输体系中最基本的运输方式。未来我国道路运输市场将进一步对外开放,道路运输业在技术、管理和资金等方面获得新的发展机遇。但由于运输市场发育不完善,运输企业在经济实力、技术装备和管理水平等方面都与国外存在一定差距,竞争压力将更大,困难将更多。因此,道路运输业应树立竞争观念,发挥比较优势,选择目标市场,制定市场战略,寻求积极的应对策略。

### 1.1.3 场站发展环境

1. 道路运输结构与形态的变化

随着我国国民经济的发展和人民生活水平的提高，道路运输结构与形态发生了很大的变化。运输经营者和场站不得不设法改善服务环境，提高服务质量，降低运销成本，以优化企业发展环境和提升经济效益。国民休闲时间的增加，使休闲活动需求不断扩大，近年旅游业的快速发展，充分反映了国民对休闲生活的重视，而相应的运输服务设施的严重不足，已不适应这一变化的需求，亟待改善。因此，道路客运场站的规划、设计、建设、运营和管理必须满足运输结构与形态的变化对道路运输场站的客观要求。

2. 国民价值意识的变化

国民价值意识的改变对站场建设与发展的影响，主要体现在对时间价值的重视和高品质服务水准的需求两个方面。节省旅行时间，缩短货物在途时间，已成为当今社会的迫切要求，为满足这一需求，铁路继多次提速后，提出规划建设客运专线（高铁）。道路运输采取何种策略或政策措施，是道路运输站场的规划、建设和运营管理中致力要解决的问题。

国民对"行"的品质要求与日俱增。过去，人们对运输服务品质的要求，仅体现在安全、顺利地抵达目的地上。如今，除了希望具备完善的运输服务网络和良好的通达性外，更希望获得安全、高速、舒适、经济的高品质服务。因此，未来道路运输站场的发展，不仅要在"量"上继续扩充，更需要在"质"上谋求提升。

3. 社会形态的变化

社会发展形态的改变主要反映在人口高龄化的来临、社会环境保护意识的提高、城市化发展、站场建设用地日趋紧张、观光旅游者的数量的日益增加等方面。未来社会将以人口高龄化为主要特征。近年来，世界各国政府为维护高龄群体的权益，纷纷制定相应的政策和法规，来保障这一群体的基本权益，特别是交通主管部门为保障高龄群体"行"的方便，在交通设施建设方面实施了相应的政策措施。我国政府一贯重视社会福利，各级政府对老、弱、病、残、孕等弱势群体"行"的方便上亦实施很多优惠政策。在人口高龄化到来之际，创造无障碍的出行环境，是运输站场的规划、设计、建设和运营管理中应考虑的问题之一；随着我国城市化步伐的加快，城市的建设规模日益扩大，交通设施用地愈来愈多，使得本就紧张的城市用地更为紧张。站场建设用地也是如此，为解决这一问题，就需要政府制定相应的政策，协调运输枢纽及站场建设用地与城市总体布局规划和土地利用规划之间的关系，确保站场有足够的建设用地。

4. 科技发展与应用环境的变化

20世纪90年代以来，美国、日本和欧洲等发达国家，充分意识到新科技、新工艺可用来解决道路交通管理、交通设施建设等方面的具体问题,并使道路运输产业走向现代化,达到有效提升运输效率、增强运输安全、减少能源消耗、保护生态环境等运输行业发展目标。目前,国外在道路运输经营管理中广泛采用了计算机管理系统、全球定位技术(GPS)、移动通信技术(MCS)和电子数据交换技术(EDI)等,这些技术的应用充分体现在道路运输场站网络化、规模化、信息化及经营管理现代化等方面。

随着科技发展与应用环境的不断变化,除了加快建设与强化管理外,我国政府交通主管部门也非常重视运用先进技术解决道路交通运输问题。在客运站建设和管理中推广应用计算机售票、检票、自动监控等技术,大大提高了客运站服务效率和质量;在货运站场中推广应用网络技术、现代信息技术、电子显示技术和综合物流技术等,加快了货运站场电子化、信息化、智能化和运营管理现代化的进程。

# 1.2　未来我国场站的发展趋势

## 1.2.1　运输产业发展趋势

未来道路运输产业发展总趋势是六化一目标。即产业技术电子化,服务设施网络化,经营管理信息化,车辆装备专用化,生产经营集约化,服务质量规范化;以运输服务开发为龙头,以提高经济效益为目标,以崭新的服务方式和内容,满足运输市场的需求,提高全社会和运输企业的经济效益。

## 1.2.2　运输市场发展趋势

1.综合运输,向协调方向发展;城乡交通,向一体化方向发展,并以城乡客运公交化,邮政物流快捷化为核心内容

国家关于发展以综合运输体系为主轴的交通运输体系,客观要求必须把充分发挥道路交通在综合运输体系中的地位和作用放在重要位置,做到与其他运输方式协调发展。统筹城乡经济社会发展,推进城乡一体化的战略实施,客观要求城乡交通一体化,构筑城乡交通与经济结构的和谐、城乡交通与外部环境的和谐、城乡交通与公众需求的和谐,实现全社会共享现代交通成果。

2.基础设施,向规模和质量并重发展,追求全寿命周期成本最低,并以国家公路运输枢纽、农村客货运输站场和物流基础设施建设为主要内容

交通基础设施建设,既要扩大规模,更要重视质量,向规模和质量并重的方向发展。行业布局向均衡化方向调整。基础设施建设要坚持人与自然相和谐,树立尊重自然、保护环

境的理念;坚持可持续发展,树立节约资源的理念;坚持质量第一,树立让公众满意的理念;坚持合理选用标准指标,树立设计创作的理念;坚持系统论的思想,树立全寿命周期成本的理念。

3. 运输组织形式向规模化、集约化、公司化、网络化方向发展,并以构建农村客运网络,实施农村客运公交化经营,构建货运专用通道,实施道路货运线路运输与甩挂运输为重点。运输结构向合理化方向调整,并以客运运力供给以大容量、高级化,货运运力以厢式化、专用化,发展节能、环保、替代石油能源运力等为主要趋势。

4. 交通行业结构调整是适应经济全球化和经济社会发展的需要。因此,结构调整的政策取向,是由政府宏观调控向政府宏观调控与市场机制相结合,向合理化方向调整。

5. 运输服务,向规范化、优质化、人性化方向发展,并向以"快捷、舒适、安全、经济"为主要特征的方向发展

运输服务质量是交通运输业赖以生存和发展的基础。随着人民生活水平的提高和运输质量的升级,社会对交通运输业提出了更高要求,不仅要"走得了""运得了",更要"走得舒适""运得好""运得快",运输服务应由常规服务向规范化、优质化、人性化方向发展。

6. 城市公交,向大容量、快捷化、城乡一体化方向发展

城市公共交通是城市功能的重要组成部分,是城市发展的先导。发展城市公共交通的目的在于提高道路资源的利用率,从而减少交通拥堵,降低居民出行时间,节约出行费用,同时兼顾运营成本。因此,坚持公交优先原则,发展大容量、快捷化、城乡一体化的城乡公交系统,促进城乡客运一体化是城市公交发展的方向。

7. 交通科技,向高新技术方向发展

技术创新是科技转化为生产力的主要源泉,是实现"科教兴国"和"科技兴交"的重要内容。交通科技必然由传统技术向高新技术方向发展,提高交通基础设施建设和运输装备的技术含量和整体水平。

8. 交通安全,向预防为主方向发展;资源利用,向节约型方向发展

交通安全是运输业的生命线,"安全第一、预防为主"是保障交通安全的核心。建立完善的交通应急机制和预案,使交通安全由事后处理为主转变为防范为主。资源相对短缺要求我国交通运输业的发展必须走资源节约型可持续发展道路。交通运输发展对土地和能源等资源的依赖性很大,而我国资源缺乏,交通运输对资源的利用必须向资源节约型方向发展。

9. 环境保护,向预防为主发展

保护环境是我国的一项基本方针政策,交通运输工具是造成空气污染的主要源头之一,为此,交通建设与发展,必须保护环境与生态,交通环境应由治理向预防为主的方向发展。

10. 运输市场,向全方位开放型方向发展

加入 WTO 后,我国运输市场进一步对外开放,交通行业在技术、管理和资金等方面获得新的发展机遇。但由于运输市场发育不完善,运输企业在经济实力、技术装备和管理水平等方面都与国外存在一定差距,竞争压力将更大,困难将更多,对此要积极寻求对策。

## 1.2.3　运输场站发展趋势

1. 场站布局合理化

加强客运场站布局和建设的规划,使其既满足公路客运、多式联运等的需要,又与城市建设相互协调,最终形成科学合理的客运服务设施体系,并与全国运网协调。对各省道路运输场站进行规划,各省高等级公路沿线场站规划,省内旅游区场站规划,各省制订区域性场站规划。

2. 经济结构多元化

经济结构多元化包括运输场站经济结构多元化,场站经营结构多元化。

3. 投资主体多元化

客运服务设施所需投资较大,同时,又需要协调运作的运行机制,这就必然使客运服务设施的投资主体趋向多元化。投资主体多元化可以促进公路客运系统及运网的形成与发展。投资主体多元化,带来公路场站的重大变化。

4. 组织形式集约化,网络化

服务设施要能够采用现代通信和电子计算机技术,形成有关的在线作业系统,以此为基础,提高运输组织和管理的效益和经济效益。

5. 运输服务优质化

从基础设施、设备、组织管理手段上确保能够提供高质量的服务,体现科技广泛应用于客运服务设施中。例如,以计算机及现代通信技术相结合为基础,促进多式联运及其他服务发展。服务功能多样化,如货物集散、中转、装卸、储存、联运、通信、生活辅助及相关服务。

6. 结构合理,分工明确,网络化经营

运输场站的形式更丰富,既有综合性场站,也有专业性场站,并且专业性场站越来越多,如集装场箱场站、零担运输场站等。

7. 业务功能突出,专业化程度高

8. 技术装备完善,自动化程度高

9. 公用型和自用型场站并存

# 1.3 我国物流业发展现状

物流业是融合运输业、仓储业、货代业和信息业等的复合型服务产业,是国民经济的重要组成部分,涉及领域广,吸纳就业人数多,促进生产、拉动消费作用大,在促进产业结构调整、转变经济发展方式和增强国民经济竞争力等方面发挥着重要作用。物流业的发展水平已经成为衡量经济发展程度的重要指标之一,缺少物流业的支撑,工业现代化就很难实现,没有物流产业的现代化,就无法实现经济的现代化。目前,物流业被世界公认为最有潜力的行业之一。

在我国制订的国民经济第十二个五年发展规划中,政府明确提出要大力发展现代物流业,促进我国现有物流资源的整合利用,加强落后地区的物流基础设施的建设,加快建立高效、专业的现代综合物流服务体系。为了进一步促进物流业的发展,打造中国物流发展的升级版,物流税收改革就亟待加快推进。

## 1.3.1 我国物流业发展现状分析[2,3]

近几年来,尤其是加入关贸之后,我国多数企业对物流产业有了比较深刻的了解,优化物流管理,降低物流成本,都是这些企业所要面临和亟待解决的问题。在这样的愿望和要求下,我国的物流产业才有了较大发展。

1. 物流基础设施基本完善

物流是物质资料的实物性流动,是创造价值的一种经济活动。其中物流基础设施起着举足轻重的作用。目前,我国经过多年的经济发展和国家经济基础建设的投入,在提高交通、运输、信息、通信等物流基础设施方面取得了很大的进步,物流产业的基础设施基本完善。据有关资料统计:截至2010年底,我国拥有公路里程近200万公里,其中高速公路约7万公里,跃居世界第二;铁路营业里程接近8万公里,跃居亚洲第一;水运方面,内河航道里程近13万公里,港口的吞吐能力大大提高,列世界第二;近期随着新建、扩建了一批机场,增添了一批支线、国际航线,已经建成了覆盖全球的航空网络;电信网络干线光缆超过40万公里,网民人数已经世界第一;流通领域的仓库面积达5亿多平方米。

2. 物流业呈现专业化、个性化

在激烈的市场竞争压力下,越来越多的企业开始由仓储、运输这类的简单业务向供应链一体化延伸。现代物流呈现出日趋明显的专业化趋势,第三方物流要对制造企业提供高端的物流服务,提供专业化的运作模式。因为物流低端服务利润会越来越低,其创新型及增值型服务和适合客户需求的特色服务具有更大的发展空间,这进一步刺激了专业化物流的发展,从而导致物流企业大力发展增值型、创新型业务,物流服务逐步呈现出专业化和个性化的特征。

3.物流圈、物流网基本形成

东部地区较为发达的商业运作模式,使之较早地实现了物流圈的形成,以沿海港口和主要城市为中心的物流点与相应的产业链相结合形成了物流圈,物流速度和效率得到最大化的发挥,加速了诸如家电、汽车、钢铁等的区域之间的流通,降低了物流成本,提升了物流质量。由于计算机网络的普及,日用品及农用品由城入乡,物流网基本形成。例如一些大型物流公司还不限于一二线城市开展业务,它们将随着我国产品和服务走出国门。由此可见,物流圈的规模仍在不断扩大,我国物流市场前景依然广阔。

4.物流的整合及法制化得到加强

我国的现代物流业的发展虽然得到了政府的支持与推动,但在部门的整合上还不够具体,由于有许多部门参与其中,没有形成统一的标准和领导,不利于物流业良性健康的发展。但国家与各地方政府已经注意到设立协调小组,把各部门集中起来,物流的整合协调得到了加强,物流业的快速发展得到了保证。

由于物流行业的兴起,国家加强了与之相关的法制化建设,相应的法律法规逐步出台,但因为物流法律规范分属不同的法律部门,由于自身的复杂性,还处于相对成熟阶段,导致存在单项物流法规制定时间较长,对同一问题的各种立法要求不一,地方法规与主体法规不统一,国内法规与国际法规不衔接等现象。

## 1.3.2　我国物流业存在的问题

我国物流业存在的问题很多,总体来看我国第三方物流服务规模较小,物流基础设施能力不足,物流企业信息技术水平较低,物流管理体制、法规和技术标准不完善,物流的技术标准尚未建立起来,物流管理人才匮乏。我国物流业存在的问题主要集中在以下几个方面:

1.物流成本高于发达国家

发达国家的物流成本一般占 GDP 的 10%,我国的占 20%左右。据统计,我国物流总成本占 GDP 的比重在 1991 年为 24%,2003 年在 21%左右,下降幅度非常小,中国经济运行仍处于粗放式经营向集约经营的转轨阶段,由于体制因素,企业"大而全""小而全"的商业运作模式仍然根深蒂固,中国物流业的总体水平比较低。

2.物流基础设施落后,管理法规、制度不完善

我国大多数物流企业,是传统的运输公司、部委所属储运港口、基地、码头等转变过来的。服务能力仍不能满足市场要求,且基础设施比较落后。

我国物流业由于发展较晚,很多管理都不规范,大部分管理基本沿袭计划经济体制,无主管部门进行协调和管理,物流中横向联系较少,纵向的管理较多。此外,物流的技术标准

尚未建立起来,无效作业较多,物流速度低,物流事故频发,物流成本增高,物流企业的效益降低。

**3.第三方物流服务规模较小**

目前,第三方物流在整个物流市场的比重,日本为80%,美国为57%,我国为18%。我国物流业发展处于起步阶段,产业规模较小。据国际研究机构的估计,美国第三方物流市场规模约相当于整个物流成本支出的25%,欧洲为30%,亚洲的低于5%,中国为2%左右。

**4.物流企业信息技术水平较低**

由于我国物流企业信息化起步晚,信息化程度低,对企业信息化重视不够,很多现代先进的技术,如射频技术、条码技术、EDI技术、GPRS技术等,还处于起步阶段。中国仓储协会2010年4月公布的《中国物流企业信息系统调查报告》表明,我国物流企业61%完全没有信息系统支持,有信息系统支持的为39%,而且绝大多数企业信息系统功能不完善,有38%的企业有仓储作业管理,有库存管理的企业为31%,有运输管理的企业为27%。现代物流信息技术的落后是我国物流企业亟须解决的问题。

**5.物流管理人才缺乏**

近年来,我国物流行业取得了很快的发展,对物流人才的需求很大。根据专家预测,未来5~10年,我国第三方物流市场年增长率将超过25%。可见,物流业的发展前景非常不错。但是,相匹配的懂得物流管理的人才匮乏。据统计,北京、上海、广州、深圳的物流人才未来5年将缺80万人。物流人才匮乏的原因主要是物流教育落后。在我国高等院校中,开设物流专业的学校较少,物流专业职业教育还处于起步阶段。

## 1.3.3 我国物流业发展对策研究

**1.树立物流观念,改善管理体制**

第一,要树立物流的价值观念,要真正意识到现代物流是企业在降低物质消耗、提高劳动生产率之外创造利润的第三源泉,也是企业降低经营成本、提高综合竞争力的重要环节。第二,要树立物流的服务观念,把服务平台和服务战略作为物流发展的主旋律。第三,要树立物流的系统化观念。物流是由多项活动、多个环节共同组成的有机整体,系统中所需位移的物资和包装设备、搬运装卸设备、运输工具及环境、仓储设施及保管、人员和通信联系、信息处理与传递等任何一个环节或部分滞后或脱节,整个物流过程就会运作缓慢,效能低下。只有牢固树立了这些观念,才能真正理解物流业的重要作用、关注物流业的内涵建设、顾全物流业的发展大局。

在管理体制方面,物流业管理体制改革总的方向需向相对集中的管理(专门或具有集中权限的部门)演进,有关部门要从促进物流业健康发展的大局出发,强化综合协调机制,打破原有的行业、地区分割和体制机制约束,真正形成合力,发挥集中管理对推进物流业整体发展、创新发展和系统建设的优势,促进区域之间、城市之间、企业之间物流发展的共建、共享、共赢[3]。

2.科学利用物流资源,充分提高运作效能

各级政府要继续加大对物流业的财政支出和优惠力度,不断增加和改善物流业基础设施的数量和质量,提高产能和效率。在新建和添置物流设施和装备时,要立足于物流业发展的实际需求,服务于经济发展的全局利益和长远利益,不能脱离实际、贪大求全。对于现有的商业、运输、货代、联运、物资、仓储等行业的物流资源,要进行科学整合和充分利用,大力提升改造现有的产品和服务,避免盲目投资和重复建设,坚决杜绝以物流之名圈地、圈钱。

3.加强物流企业管理,提高企业核心竞争力

物流企业是现代物流业发展的市场主体,促进现代物流业的发展在某种意义上就是培养和提升现代物流企业的过程。现代物流业不是传统的交通运输、中转仓储、流通加工、分拨配送的简单叠加,更不是传统的运输、仓储、配送等企业改个名称、换个牌子就成为物流企业。我们要集中力量采取资产重组、功能整合等措施,努力培育一批服务水平高、综合效益好的大型专业企业,在行业内形成辐射带动作用,促进整个行业服务水平的提高。现有的中小物流企业要放弃"小而全"的经营模式,把非核心业务进行外包,把核心业务做大做强,最大限度地减负增效,提高企业的核心竞争力。这样,不同规模、不同特点的物流企业就能优势互补,共同构建功能完善、结构合理的物流产业体系。

## 1.3.4　培育物流人才,改善物流技术

目前,我国与发达国家物流行业的差距,不仅是资金、装备的差距,更重要的是先导人才和物流综合技术的差距。因此,物流人才培育、技术跟进是我国物流业差距缩小、稳步发展的必经之路。解决目前物流专业人才缺乏的问题,可行的办法是加强物流企业与科研院所的多方位合作,使实际应用与理论研究相结合,尽快加速管理人才和专业技术人才的培养,造就熟悉物流实践操作流程的专业人才队伍。同时,物流企业在直接引进大学毕业生的同时,也应对现有员工,通过在线培训、企业内训、企业外训、进修学习等多种途径完善员工知识结构,提高员工职业能力,有效提高企业软实力,大力增强企业竞争力。

科学技术是第一生产力,现代物流的核心发展思路是在集成化、系统化、信息化基础之上,将物流各环节、各工序实施全过程优化整合,实现无缝链接,从而降低物流费用、缩短物流时间。具体说,是将物流服务链上的所有节点,通过一定的计划、组织、协调和控制,并借助现代信息技术和网络技术的支持,使物流管理以最为合理的成本向用户提供最为满意的

服务[4]。物流行业企业要重视新技术、学习新技术、应用新技术、研制新技术,尽快适应以构建信息化技术为中心的物流服务产业体系,大力改善我国新型物流业的整体效能。

物流业在我国起步晚,经验少,其中的规律还有待于理论与实践的不断探索。但只要坚持以科学发展观为指导,政府和市场"两只手"共同发力,行业企业科学整合,社会各界大力支持,我国的物流业一定能够持续进步和健康发展,成为带动国民经济快速增长、推动社会全面进步的重要生力军。

## 1.4 物流配送的发展现状

### 1.4.1 国外物流配送的发展现状

一般的送货形态在西方国家已有相当长的历史,是随市场而诞生的一种必然的市场行为,尤其是在伴随资本主义经济的生产过剩,在买方市场情况下,必然采取各种各样推销手段,送货最初便是作为一种不得已的推销手段出现的。仅将其作为推销手段而并非作为企业发展的战略手段,这种观念在有些国家持续了很长时间。从历史上曾采用的一般送货,发展到以高技术方式支持的、作为企业发展的配送,也是近一二十年的事情。

1. 美国现代物流配送的发展状况

从 20 世纪 60 年代起,货物配送的合理化在美国普遍得到重视。为了在流通领域产生效益,美国企业采取了以下措施:一是将老式的仓库改为配送中心;二是引进电脑管理网络,对装卸、搬运、保管实行标准化操作,提高作业效率;三是连锁店共同组建配送中心,促进连锁店效益的增长。

美国连锁店的配送中心有多种,主要有批发型、零售型和仓储型三种类型。批发型配送中心主要靠计算机管理,业务部通过计算机获取会员店的订货信息,及时向生产厂家和储运部发出订货指示单。零售型配送中心,以美国沃尔玛公司的配送中心为典型。该类型配送中心一般为某零售商独资兴建,专为本公司的连锁店按时提供商品,确保各店稳定经营。仓储型配送中心,如美国福来明公司的食品配送中心,是典型的仓储式配送中心,它的主要任务是接受独立杂货商联盟的委托业务,为该联盟在该地区的若干家加盟店负责货物配送。

2. 日本现代物流配送的发展状况

在日本,零售业是首先建立先进物流系统的行业之一。便利店作为一种新的零售业迅速成长,现已遍及日本,正影响着日本其他零售商业形式。这种新的零售业需要利用新的物流技术,以保证店内各种货物的供应顺畅。因此,日本的物流配送具有以下特点:第一,分销渠道发达。许多日本批发商过去常常把自己定位为某特定制造商的专门代理商,只允许经营一家制造商的产品。为了保证有效地供应商品,日本许多物流公司不得不对旧的分销渠道进行合理化改造,更好地做到与上游或下游公司的分销一体化。第二,频繁、小批量进货。日本的物流配送企业的很大一部分服务需求来自便利店,便利店依靠的是小批量的频繁进货,只有利用先进的物流系统才有可能发展连锁便利店,因为它使小批量的频繁进货得以实现。第三,物流配送体现出共同化、混载化的趋势。共同化、混载化的货物配送使原来按照不同生产厂、不同商品种类划分开来的分散的商品物流转变为将不同厂家的产品和不同种类的商品混合起来配送的聚合商品物流,从而得以发挥商品物流的批量效益,大大提高了配送车辆的装载率。第四,合作型物流配送。在日本,生产企业、零售企业与综合商社、综合物流公司之间基本上都存在一种长期的物流合作关系,并且这种合作关系还随着日本工业生产的国际化延伸到国外。第五,政府规划在现代物流配送发展过程中具有重要作用。

3.欧洲现代物流配送的发展状况

在欧洲诸国,尤其是德国,物流配送是指按照用户的订货要求,在物流据点进行分货、配货以后,将配好的货物送交收货人的活动。德国的物流配送产业是第二次世界大战以后,随着现代科技的兴起和经济的高速发展而逐步发展起来的。

特别是近 10 年来,德国的物流配送已经摈弃了商品从产地到销地的传统配送模式,基本形成了商品从产地到集散中心,从集散中心到达最终客户的现代模式。可以说德国的物流配送已经形成了以最终需求为导向,以现代化交通和高科技信息网络为桥梁,以合理分布的配送中心为枢纽的完备的运行系统。而从德国零售业发展的经验可以看出,德国是十分重视按照连锁经营的规模和特点来规划配送中心的,往往是在连锁店建设的同时就考虑到了配送中心的建设布局。纵观国外配送业务,其方式和手段的发展突出反映在配送共同化的进展、配送计划化的进展、配送区域的扩大、直达配送的进展、计算机管理配送和配送劳动手段等几个方面。其中,配送劳动手段作为支撑配送的生产力要素,是进展很大的领域。到 20 世纪 80 年代,发达国家配送已普遍采用了计算机系统、自动搬运系统、大规模分拣、条形码等[3]。

## 1.4.2　国内物流配送的发展现状

经过三十多年改革开放和经济的持续快速发展,我国目前已初步具备了发展物流管理和配送技术的经济环境和市场条件。目前,国内物流和配送服务已有较快的发展,物流配送已经成为许多企业降低成本,提高竞争力的重要手段。在国内,目前已有不少机构和企业从不同的角度出发,针对不同的需求对象以及应用范围,构建了相应的基于地理信息系统的物流配送系统或信息平台。成效比较突出的有:北京杰合伟业软件技术有限公司构建的国内第一个城市物流配送解决方案,综合了 GIS、GPS 等技术,适用于销售企业、超市配送中心、区域物流配送等;国内以"零库存"而闻名的海尔集团,采用 GIS 等技术建立了自己的

"海尔物流监控调度系统",工作人员在调度中心,就能够监控全国范围内所有集团内部物流车辆,实现车辆实时定位、运单动态跟踪、远程调度等。很多公司还开发了许多基于 GIS 的系统,如物流配送车辆优化调度系统、物流配送系统信息平台,以及对物流配送系统的综合研究等。

我国入世后服务业有关领域有的已经对外开放,有的即将开放,更多的跨国企业将进入我国与市场竞争,我国物流配送将出现一些新的变化和趋向[4]。

1. 规模化、集团化趋向

发达国家的一些物流公司通过重组、资本扩张、兼并、流程再造等形式,已经形成了跨国综合物流企业。这些物流公司,拥有雄厚的资金、先进的技术和设备、先进的管理理念与经验、全球性的服务网络。而我国的物流企业大多规模小、实力弱,在与国际大型物流公司的市场竞争中处于不利地位。因此,国内的中小型物流企业,有一部分将利用拥有的国内网络及设施、人力资本成本低等本土优势,与国外大型物流企业建立战略合作伙伴关系;一部分将可能被大型物流公司收购、兼并;还有的将进行战略性重组和改造,向综合物流发展,为大型跨国物流企业配套,成为供应链的重要组成部分。

2. 多元化趋向

随着我国改革开放的深入,以及我国入世后在商品分销、公路运输、铁路运输、仓储货运代理、邮递服务等领域的逐步开放,市场主体将出现多元化的局面。一是外资物流企业,这些企业主要服务于外资企业,从事跨国公司在我国的生产、销售和采购等方面的物流活动。二是以多元化股权结构为特征的民营物流企业,这是目前物流市场最具活力的力量。三是国有经济中传统的运输、货代、仓储、批发企业,现在仍是物流市场的主力军。今后相当长的一段时间内,我国物流市场将呈现一个国有、集体、个体、中资、外资等各种所有制物流企业相互依存、同台竞争、相互促进的局面。

3. 国际化趋向

由于世界制造业和原厂委托制造(Original Equipment Manufactures,简称 OEM)中心在向我国转移,以及经济一体化进程的加快,未来我国与世界各国之间的物流、原材料、零部件与制成品的进出口运输,无论是数量还是质量都会发生较大的变化。为适应这一变化,要求我国必须在物流技术、装备、标准、管理、人才方面与世界对接。因此,我国物流配送业在国际化方面将会发展较快。

4. 传统的运输与仓储企业加快向第三方物流转变

由于境外物流企业纷纷来到中国,尤其是香港、台湾地区的中小物流企业进入内地物流市场的速度加快,给内地传统的运输与仓储企业造成很大压力。因此,有更多传统的运输与仓储企业加快向第三方物流转变,利用自己的优势,扩大客户群,提升市场竞争力,与国外和境外的物流公司合作或展开竞争。

5. 物流配送信息化建设步伐加快

现代物流是以信息技术为支撑的,没有信息化就没有现代物流的发展。在我国大力发展信息化的新形势下,物流的信息化应该走在其他行业前面。物流派送作为政府高度重视的热点,为了适应连锁经营等商业发展,物流配送信息技术业将有新的发展和变化。国内的一些大型物流企业,都在规划建立自己的配送中心,改善物流配送信息服务技术,以提高企业的物流配送能力。

# 第2章 运输场站与配送中心建设的一般程序

## 2.1 项目建议书阶段

项目建议书又称立项申请,是项目建设筹建单位或项目法人,根据国民经济的发展、国家和地方中长期规划、产业政策、生产力布局、国内外市场、所在地的内外部条件,提出的某一具体项目的建议文件,是对拟建项目提出的框架性的总体设想。尤其是大中型项目,工艺技术复杂,涉及面广,对于协调量大的项目,还要编制可行性研究报告,作为项目建议书的主要附件之一。项目建议书是项目发展周期的初始阶段,是国家选择项目的依据,也是可行性研究的依据。涉及利用外资的项目,在项目建议书批准后,方可开展对外工作。

### 2.1.1 项目建议书及其作用

1. 项目建议书

项目建议书是建设项目前期工作的第一步,它是对拟建项目的轮廓性设想。主要是从客观考察项目建设的必要性,看其是否符合国家长远规划的方针和要求,同时初步分析建设项目条件是否具备,对是否值得进一步投入人力、物力做深入研究。随着我国的改革开放和私营经济的发展,汽车服务场站的经营主体发生很大变化。因此,对于规模较小的汽车服务场站,由于投资相对较小,私营经济占有较大比例,往往没有项目建议书阶段。

2. 项目建议书的作用

(1)项目建议书是国家确定项目的依据,国家对项目,尤其是大中型项目的比选和初步确定,是通过审批项目建议书来进行的。项目建议书的审批过程实际就是国家对新提议的众多项目进行比较筛选,综合平衡的过程。项目建议书经批准后,项目才能列入国家长远计划。

(2)经批准的项目建议书是编制可行性研究报告和作为拟建项目立项的依据。

(3)涉及利用外资的项目,在项目建议书批准后,方可对外开展工作。

编制项目建议书既要全面论述,更要突出重点,一般侧重于项目建设的必要性、建设条件的可能性、获利的可能性三方面。编制项目建议书要求结论明确客观,做到重点突出,层次分明。

### 2.1.2　项目建议书的内容

项目建议书一般包括项目概况、项目建设初步选址及建设条件、项目建设规模、环境影响、投资估算及资金来源、市场前景及经济效益初步分析和相关附件。

1. 项目概况

(1)项目名称、项目来源及背景;项目建议书的编制内容和原则;项目建议书的主要结论。

(2)项目承办单位和项目投资者的有关情况。一般包括生产经营内容、生产经营规模、产品销售情况、年上缴税额、自有资金数额、债权债务情况等。

(3)外商投资项目简述合营各方概况,包括合营各方名称、法定地址、法定代表国籍及姓名、资金实力、技术力量等;合营方式(注明合资、合作、独资);合营年限;经营范围;产品销售方向(内销或出口比例)或服务面向的对象。

(4)项目建设的必要性和依据。技术引进项目,要简述技术引进内容(关键设备或技术专利)、拟引进技术设备水平及其国别和厂商。

(5)技术水平及市场前景。

2. 项目建设初步选址及建设条件

(1)项目建设拟选地址的地理位置、占地范围、占用土地类别(国有、集体所有)和数量、拟占土地的现状及现有使用者的基本情况。如果不指定建设地点,要提出对占地的基本要求。

(2)项目建设条件。简述能源供应条件、主要原材料供应条件、交通运输条件、市政公用设施配套条件及实现上述条件的初步设想。需进行地上建筑物拆迁的项目,要提出拆迁安置初步方案。

3. 项目建设规模和建设内容

项目建设内容部分重点阐述需要新建或改造的内容和面积。汽车运输场站建设项目为非生产性项目,因此要根据项目的性质说明其规模,如停车场(库)建设项目要说明有多少出入口、多少停车位;加油站建设项目要说明拟建加油站的等级规模等;汽车客运站建设项目要说明客运站的售票厅、候车厅、办公、服务等用房的大概设计构想。

4. 环境影响评价

环境影响评价简称"环评",是指对规划和建设项目实施后可能造成的环境影响进行分析、预测和评估,提出预防或者减轻不良环境影响的对策和措施,进行跟踪监测的方法与制度。通俗说就是分析项目建成投产后可能对环境产生的影响,并提出污染防止对策和措施。

汽车运输场站环境影响评价是指工程建设和使用过程中对环境的影响评价,主要包括工程分析、大气环境影响评价、水环境影响评价、环境噪声影响评价、土壤环境影响评价、生态环境影响评价等内容。

5. 投资估算及资金来源

(1)项目总投资额。总投资主要包括新增固定资产投资、建设期利息、转移原有部分固定资产投资、无形资产投资、新增铺底流动资金等 5 个部分。铺底流动资金按新增全部流动资金的 30% 估算;技术引进项目要说明进口技术设备使用外汇数额、建设费用和购置国内设备所需人民币数额;外商投资企业要说明总投资额、注册资本数额、合营各方投入注册资本的比例、出资方式及利润分配方式。

(2)资金来源。利用银行贷款的项目要将建设期间的贷款利息计入总投资内。资金筹措方案包括企业自有资金投入(包括部分现有资产的投入)、银行贷款(还贷的初步方案)、申请国家资本金投入及其他来源。其中企业自有资金不得低于总投资的 30% 。

(3)利用外资项目要说明外汇平衡方式和外汇偿还办法。

6. 市场前景及经济效益初步分析

项目经济效益分析材料:一般按照 10 年为计算期,项目建成后每年市场占有率情况预测及依据、预计每年销售额、销售量、销售收入、利率及财务费用、税率及税收优惠计算方法等。

经济效益的主要财务指标有年新增销售收入、年税后利润、年上缴税收、盈亏平衡点、投资收益率、贷款偿还期、投资回收期等。总投资超过 1 亿元的项目需进行动态分析并提供相应附表。

7. 相关附件

(1)建设项目拟选位置地形图(城近郊区比例尺为 1∶2 000;远郊区县比例尺为 1∶10 000)。标明项目建设占地范围和占地范围内及附近地区地上建筑物现状。

(2)在自有地皮上建设,要附市规划部门对项目建设初步选址意见(规划要点或其他文件)。

(3)国家限制发展的或按国家及政府规定需要先由行业主管部门签署意见的项目,要附有关行业主管部门签署的审查意见。

(4)外商投资项目要附会计师事务所出具的外商资信证明、合营各方的营业执照(复印件)、合营各方签署的合营意向书(境内单位要有上级主管部门的意见)。

(5)两个或两个以上境内单位合建的项目要附合建各方签署的意向书(要有上级主管部门的意见)和合建各方的营业执照(复印件)。

(6)其他附件材料。

## 2.2　可行性研究阶段

可行性研究是建设项目前期工作的重要步骤,是编制建设项目设计任务书的依据,是保证建设项目以最小的投资换取最佳经济效果的科学方法,也是进行投资决策、筹措资金、项目初步设计的重要依据。做好可行性研究是避免投资决策失误、保证工程项目建设及投产后经营效益的重要手段,在项目投资决策和项目运作建设中具有十分重要的作用。

可行性研究是确定建设项目前具有决定性意义的工作,是在投资决策之前,对拟建项目进行全面技术经济分析论证的科学方法。在投资管理中,可行性研究是指对拟建项目有关的自然、社会、经济、技术等进行调研、分析比较以及预测建成后的社会经济效益。在此基础上,综合论证项目建设的必要性,财务的盈利性,经济上的合理性,技术上的先进性和适应性,以及建设条件的可能性和可行性,从而为投资决策提供科学依据。

## 2.2.1 可行性研究的作用

可行性研究是投资前期工作的重要内容,它一方面充分研究建设条件,提出建设的可能性;另一方面进行经济分析评估,提出建设的合理性。它既是项目工作的起点,也是一系列工作的基础。

1. 投资决策的依据

工程项目的可行性研究是确定项目是否进行投资决策的依据。我国投资体制的改革,把原来由政府财政统一分配投资的体制变成了由国家、地方、企业和个人的多元投资格局,打破了政府建设单位无偿使用的局面。投资业主和国家审批机关主要根据可行性研究提供的评价结果,确定对此项目是否进行投资和如何进行投资,因此,可行性研究是项目建设单位决策性的文件。

2. 筹措资金的依据

批准的可行性研究是项目建设单位筹措资金,特别是向银行申请贷款或向国家申请补助资金的重要依据,也是其他投资者的合资理由根据。凡是应向银行贷款或申请国家补助资金的项目,必须向有关部门报送项目的可行性研究报告。银行或国家有关部门通过对可行性研究的审查,并认定项目确实可行后,才能同意贷款或进行资金补助。如世界银行等国际金融组织以及我国建设银行、国家开发银行等金融机构都要求把提交可行性研究作为建设项目申请贷款的先决条件。

3. 初步设计的依据

可行性研究是编制项目初步设计的依据。初步设计是根据可行性研究,对所要建设的项目规划提出实际性的建设蓝图,即较详尽规划出此项目的规模、方案、总体布置、工艺流程、设备选型、劳动定员、三废治理、建设工期、投资概算、技术经济指标等内容,并为下一步实施项目设计提出具体操作方案,初步设计不得违背可行性研究已经论证的原则。

4. 国家固定资产投资管理的依据

可行性研究是国家各级计划综合部门对固定资产投资实行调控管理,编制发展计划、固定资产投资、技术改造投资的重要依据。由于建设项目尤其是大中型项目考虑的因素多,涉及的范围广,投入的资金数额大,可能对全局和当地的近、远期经济生活带来深远的影响。例如,三峡工程不仅耗资大、工期长,还需要大批的移民迁徙,因此这些项目的可行性研究内容更加详细,可作为计划综合部门实际对固定资产投资调控管理和编制国民经济及社会发展计划的重要依据。

在可行性研究过程中,因为运用了大量的基础资料,一旦有关地形、工程地质、水文、矿产资源储量、工业性实验数据不完整,不能满足下一个阶段工作需要时,负责初步设计的部门就需要根据可行性研究所提出的要求和建议,进一步开展有关地形、工程地质、水文等勘察工作或加强工业性实验,补充有关数据。

5. 编制设计任务书的重要依据

可行性研究是编制设计任务书的重要依据,也是进行初步设计和工程建设管理工作中的重要环节。可行性研究不仅对拟建的项目进行系统分析和全面论证,判断项目是否可行,是否值得投资,还要进行反复比较,寻求最佳建设方案,避免项目方案多变造成的人力、物力、财力的巨大浪费和时间延误。这就需要严格项目建议书和可行性研究报告的审批制度,确保可行性研究报告的质量和足够的深度。

## 2.2.2　可行性研究报告的内容

1. 项目概况

(1)项目名称及项目内容梗概。

(2)项目承办单位和项目投资者。

(3)外商投资项目的合营各方概况,包括合营各方名称、法定地址、法定代表国籍及姓名、资金实力、技术力量等;合营方式(注明合资、合作、独资)和合营年限;经营范围等。

2. 市场预测

市场预测包括需求、供给的预测,竞争能力、销售方向或服务对象的预测。例如,加油站项目市场预测,就应该考虑所在地区车辆拥有量、附近道路交通量和加油站建设情况等。

3. 项目建设选址及建设条件论证

项目建设选址是指确定项目的地理位置、占地范围、占用土地类别和数量。

建设条件论证一般包括以下几个部分:

(1)地形、工程地质、水文、气象条件论证。

(2)供水条件论证。测算供水量,提出供水来源。

(3)能源供应条件论证。测算各种能源消耗量,提出各种能源供应来源。

(4)主要原材料条件论证。测算主要原材料消耗量及供应来源。

(5)交通运输条件论证。测算主要能源、原材料和产品的运输量,提出解决方案。

(6)拆迁安置方案。

**4. 项目规划方案、建设规模和建设内容**

(1)建设规模。生产性项目要提出主要产品的生产纲领、生产能力;非生产性项目要根据项目的不同性质说明其建设规模。

(2)总建设面积。

(3)建筑内容。分述各个单项工程的名称及建设面积。

(4)项目的总平面布置说明。

(5)生产工艺和主要设备选型。选用进口设备或引进国外技术的要说明理由,并说明进口设备或技术的国家、厂商和技术等级。

**5. 项目外部配套建设**

能源供应设施建设方案。如变电站、输变电线路、锅炉房、输气管线等建设方案;供水、排水建设方案;交通和通信设施建设方案;原材料存储设施建设方案及其他配套设施建设方案。

**6. 环境保护**

项目对环境的影响预测、环境保护及"三废"治理方案。环保部门有特殊要求的项目,要单独编制环境影响评价报告。

**7. 总投资及资金来源**

(1)建设项目总投资额。大中型项目要列出静态投资和动态投资,生产经营项目包括固定资产投资和铺底流动资金投资。要按建设内容列出主体工程、辅助工程、外部配套工程及其他费用的投资额。同时还要按费用类别列出前期工程费(土地出让金、征地拆迁安置费等)、建安工程费(建筑工程费、设备安装费等)、设备购置费和其他费用等(建设期贷款利息、应缴纳的各种税费、不可预见费等)。

(2)资金来源。外商投资项目要列出注册资本、合营各方投入注册资本的比例、利润及分配方式,同时要考虑外汇平衡方式。

**8. 经济、社会效益**

经济、社会效益评价主要包括以下内容:

(1)还款期、销售收入、财务内部收益率、财务净现值、投资回收期等财务评价指标的测算。敏感性分析等不确定因素分析的结果。

(2)投资总额和资金筹措表、贷款还本付息表、销售收入表、税金表、利润表、财务平衡表、现金流量表、外汇平衡表等经济评价表格。

(3)国民经济效益评价,主要是根据国家公布的社会折现率、影子汇率、影子工资、影子价格等参数,测算项目的经济内部收益率、经济净现值、投资净效益率等。

**9. 结论**

综合全部分析,对建设项目在经济上、技术上进行全面的评价,对建设方案进行总结,提出结论性意见和建议。

10. 附件

附件包括以下几部分内容：

(1)项目建议书审批文件。

(2)建设项目所在位置地形图。标明项目占地范围和占地范围内及附近地上建筑物现状,地形图的比例为:城近郊区的比例尺为 1:2 000,远郊区的比例尺为 1:10 000。

(3)项目建设规划总平面布置图。标明交通组织、功能分区、绿化布局、建筑规模(分出层次和面积)。

(4)道路交通、电信、供电、给排水、供气、供热等各种市政配套设施建设管线布置图。

(5)环境影响评价报告(小型生产性和民用建筑项目可以不编制)。是否需要编制环境影响评价报告由环保部门决定。

(6)规划、供电、市政、公用、劳动、卫生、环保等有关部门对可行性研究报告的审查意见。

(7)大中型生产性项目,要附咨询评估机构的评估报告。

(8)其他附件材料。包括其他与项目有关的材料。

此外,还应包括项目建设的必要性、项目建设周期及工程进度安排、劳动保护与卫生防疫、消防、节能、节水等内容。

## 2.2.3　可行性研究报告与项目建议书的主要区别

1. 研究任务不同

项目建议书是初步选择项目,其决定是否需要进行下一步工作,主要考察建议的必要性和可行性;可行性研究报告则需进行全面深入的技术经济分析论证,做多方案比较,推荐最佳方案或者否定该项目,并提出充分理由,为最终决策提供可靠依据。

2. 基础资料依据不同

项目建议书的依据是国家的长远规划和行业、地区规划以及产业政策,拟建项目的有关自然资源条件和生产布局状况和项目主管部门的有关批文。可行性研究除把已批准的项目建议书作为研究依据外,还需把文件详细的设计资料和其他数据资料作为编制依据。

3. 内容繁简和深度不同

两个阶段的基本内容大体相似,但项目建议书不要求也不可能做得很细致,在内容上比较粗略简单,属于定性性质的;可行性研究报告是在项目建议书的基础上进行充实、完善,具有更多的定量论证。

4. 投资估算的精度要求不同

项目建议书的投资估算一般根据国内外类似已建工程进行测算或对比推算,误差准许控制在 20%;可行性研究报告必须对项目所需的各项费用进行比较详尽精确的计算,误差要求不应超过 10%。

# 2.3　设计工作阶段

设计是对拟建工程的实施在技术和经济上进行的全面而详尽的安排,是基本建设计划的具体化,是把先进技术和科研成果引入建设的渠道,是整个工程的决定性环节,是组织施工的依据,它直接关系着工程质量和将来的使用效果。已批准可行性研究报告的建设项目,应通过招标投标择优选择具有相关设计等级资格的设计单位,按照所批准的可行性研究报告内容和要求进行设计,编制设计文件。

## 2.3.1　设计阶段的划分

为保证工程建设和设计工作有机地配合与衔接,通常将工程建设计划分为几个阶段,每个阶段有不同的任务和要求,这些不同的阶段称为设计阶段。国家规定:一般性工业与民用建设项目的设计按"初步设计"和"施工图设计"两个阶段进行,称之为"两阶段设计";对于技术上复杂而又缺乏设计经验的项目,经主管部门指定,可以增加技术设计阶段,称之为"三阶段设计",小型建设项目可以适当简化。一些大型的矿区、油田和联合企业等项目,为满足总体规划设计密切配合的需要,在进行初步设计之前,还应编制总体设计。

## 2.3.2　设计任务书

一项正式的建设项目设计,须编写工程设计任务书,经初步设计、技术设计与施工图设计三个程序。设计阶段划分及设计程序见表2-1。

表 2-1　设计阶段划分及设计程序

| 项　目 | 工业项目 | 民用项目 | 备注 |
|---|---|---|---|
| 设计阶段 | 一般项目:初步设计、施工图设计 | 一般项目:方案设计、初步设计、施工图设计 | 工业项目和民用项目主要都是"三阶段设计";但根据具体项目的特点不同,在"三阶段设计"基础上可进行调整。需要注意的是,工业项目、大型项目设计中的总体规划设计(总体设计)本身不代表一个单独的设计阶段 |
| | 技术复杂或设计有难度的项目:初步设计、技术设计、施工图设计 | 技术要求简单的项目,方案设计、施工图设计(经有关主管部门同意,且合同中约定不做初步设计时,可以只做"两阶段设计") | |
| | 部分大型项目:总体规划设计(总体设计)、初步设计、技术设计、施工图设计 | | |

表2-1(续)

| 项 目 | 工业项目 | 民用项目 | 备注 |
|---|---|---|---|
| 设计程序 | 设计准备、总体设计、初步设计、技术设计、施工图设计、设计交底和配合施工 | 设计准备、方案设计、初步设计、施工图设计、设计交底和配合施工 | 工业项目和民用项目的设计准备工作和设计交底与配合施工工作大体一致;其余阶段,民用项目的设计内容较为简单 |

工程设计任务书由有关的主管单位(或委托设计单位)负责编制,它是确定建设布局、规模、产品种类、主要协作关系和进度的重要文件。经过程序审阅、批准,它就是建设施工的依据,也是竣工验收的标准。因此,撰写工程设计任务书是建设工作重要的环节。

1. 设计任务书的特点

(1)科学性。工程设计任务书的撰写,是在对客观条件进行全面了解、科学分析的基础上,由各方面的设计人员根据各自的专业知识,按照任务的要求,进行科学设计的过程。工程设计任务书中表述的内容都要有科学依据,体现工程的科学性。

(2)群体性。一个大中型建设工程的设计是一种复杂的、群体的脑力劳动,是多专业、多工种共同配合协调进行的工作。大中型工程的设计任务书由总工程师编制,该工程所属的各个分工程的设计任务书,由责任工程师编制,然后汇集起来。因此,这是权威和群众相结合的产物。

(3)完整性。工程设计任务书主要由设计说明书、概算书和设计图纸三部分组成,缺一不可。设计说明书要全面、具体;概算书要准确、详细;设计图纸要清晰、齐全。只有这样,才能保证工程施工的顺利进行。

2. 工程设计任务书的结构和内容

(1)封面。包括设计项目名称、设计单位、设计负责人和设计日期等内容。因其没有固定的要求,也可按规定的封面填写。

(2)设计说明书。由于各种工程的建设目的、性质、特点和使用要求的不同,内容也有所不同。按照国家规定,大中型建设项目的设计说明书应包括以下内容:

①设计的目的和依据。说明设计该项目工程的必要性和投资的经济意义以及依据。

②建设规模。是指建设项目的全部生产能力或使用效益。

③建设条件和选址方案。

④资源、原材料、燃料及公用设施情况。

⑤工程技术方案。对项目的工程技术内容做全面表述。对于工业项目,应说明产品结构、中间产品衔接、工艺流程、主要设备选型及配置等。

⑥环境保护、资源综合利用和"三废"治理方案。

此外,还应包括新技术应用情况、主要材料用量、项目实施进度、投资总额、生产组织和劳动定员、要求达到的经济效果和技术水平等内容。

3. 工程设计任务书编制应注意的问题

(1)必须熟悉与工程建设相关的国家法律、法令和法规,执行国家标准、规范。

(2)要明确设计任务书的范围和目的,了解投资者的意图和要求。

(3)必须对与工程建设有关的自然资源及各种方案的技术经济比较等进行全面的调查了解,广泛搜集资料,为编制设计文件提供基础。

(4)设计中要尽量采用先进技术、环保、节能等措施,力求提高工程建设技术水平和经济效益。

(5)数据必须正确可靠,有科学根据。

(6)条目力求明晰,便于审查,也便于各部门、各环节落实任务,做到有序施工。

(7)文字要求严谨规范,采用专业术语进行表述,文理要清晰,语言通顺,不能有任何歧义。

## 2.3.3　初步设计

1. 什么是初步设计

根据批准的项目可行性研究报告和设计基础资料,设计部门对建设项目进行深入研究,对项目建设内容进行具体设计。主要依据可行性研究报告批复的内容和要求,编制实施该项目的技术方案。初步设计文件包括设计说明书、有关专业设计的图纸、主要设备和材料表以及工程概算书。初步设计是编制年度投资计划和开展项目招投标工作的依据。

初步设计是设计的第一阶段,它根据批准的可行性研究报告和必要而准确的设计基础资料,对设计对象进行通盘研究,阐明在指定的地点、时间和投资控制数内,拟建工程在技术上的可能性和经济上的合理性。通过对设计对象做出的基本技术规定,编制项目的总概算。根据国家文件规定,如果初步设计提出的总概算超过可行性研究报告确定的总投资估算 10% 以上或其他主要指标发生变更时,要重新报批可行性研究报告。

2. 初步设计文件

初步设计文件一般包括封面、正文内容和附录三部分。

(1)封面

封面内容一般包括:项目名称、主管部门、建设单位(章)、项目负责人、项目监管责任人(一般为相关业务单位负责人)、项目法人代表及联系电话、建设地点、建设期限、编写单位(章)、人员及联系电话、编写时间等信息。

（2）正文内容

①总论。包括项目建设背景、目标和任务;设计依据;设计范围等。

②总平面布置。包括项目总图布置和总图主要技术指标等。

③设计内容。即主要建设内容。

④工艺设计

a. 工艺技术方案。拟建项目工艺技术选择的原则或路线;拟建项目工艺技术方案;编制工艺流程框图、各工艺环节的技术参数或说明;阐述所选工艺技术的先进性、成熟性、可靠性及经济实用性。

b. 设备方案。根据项目类别、工艺技术要求、建设标准,选择配置相应的仪器设备;阐述拟选工艺设备和附属配套设备的依据和理由,编制设备清单。

⑤建筑结构设计。包括设计依据及设计要求、设计范围和设计内容等。

⑥给排水、采暖及通风设计。

⑦电气设计。含供电、电力、照明、防雷接地设计等。

⑧环境保护与安全生产设计

a. 对于有污染的项目,要提出具体处理技术方案及措施,污染物处理后能达到相应的排放标准。例如,加油站、汽车检测与维修服务站等均应达到相应标准。

b. 机械装备推进项目和加工项目要对有可能发生威胁人身、生产设施安全的因素进行分析和描述。

⑨工程概算和资金筹措方案

a. 投资估算及其内容

（a）投资估算内容。包括估算说明和总投资估算表、单项工程投资估算表、仪器设备投资估算表的编制。

（b）投资估算编制说明。要分别对总投资估算、单项工程投资估算表和仪器设备投资估算表中的工程量核定、建筑工程的结构类型或仪器设备的规格、单价或单位工程造价或单价及各种税费费率的取值依据和理由做逐一说明。

（c）编制投资估算表。

（d）投资估算依据。

（e）投资结构分析。分析工程建设费、设备购置费及其他投资等占项目总投资的比例。

b. 资金来源。说明项目总投资中中央投资、地方配套、自筹资金数额及比例。

c. 资金运用。编制项目分年度、分来源的资金使用计划表。资金使用计划应与项目实施进度计划相衔接;用款计划要与资金来源相适应。

⑩项目组织管理与实施进度

项目组织管理主要包括项目建设期组织管理和项目建成后的运行组织管理。

a. 项目建设期组织管理

（a）管理机构与职能分工。应编制管理机构框图,包括决策机构、实施职能机构(如综合、工程、财务等)及职责分工。组建新的项目法人和机构的应阐述理由,并说明组建机构的性质、运行方式等情况。

（b）项目实施各阶段的管理方案或措施。包括初步设计及施工图设计、工程施工、工程监理、资金管理、竣工结算和决算、竣工验收、固定资产移交等实施计划及责任部门或责任人。

（c）工程招投标方案。主要包括施工招标和仪器设备的采购招标等。要求确定招投标范围、招标方式和招标形式。

b. 项目建成后的运行管理

（a）运行管理是指项目建成投产后的运行管理,应包括机构框图、人员编制及职能分工、人员培训,以及保证实现项目目标的管理制度或措施等。

（b）运行管理机制方案设计。项目建成投入运行后如何管理或经营,若运行中涉及多方(事业单位、企业单位、农户等)共同管理的,必须提出未来项目运行管理的方式或运行机制,应签订各方意向协议。

（c）分析说明运行经费的解决方案。

c. 项目实施进度

根据确定的建设工期和勘察设计、仪器设备采购、工程施工、生产准备、设备调试、试运转、竣工验收、交付使用等阶段所需时间与进度要求,编制分年度项目实施计划表。

（a）确定实施年限,起止日期,编制实施制度表或图。

（b）按进度框图说明各阶段的工作内容和进度安排。

⑪效益分析

a. 经济效益分析

（a）对项目新增固定资产价值和总固定资产额,单位投资形成新增固定资产价值进行分析。

（b）对项目新增效益、新增服务能力或功能,单位投资新增生产能力、服务能力或功能进行分析,并说明具体测算的参数依据和测算方法。

（c）项目年新增运行收入、运行成本及盈余,对项目建成投产后的运行费用及来源进行分析。

b. 社会效益分析

（a）对当地社会、经济的作用与意义(如产业结构调整、带动相关产业发展、维护公众利益等)。

（b）项目受益人群、受益面增加或改善生活质量的具体情况。

（c）提供社会就业人数。

(d)可能产生的其他社会效益。

c.生态效益分析。包括生态结构变化(耕、草、林)、土壤肥力的变化、节水、节能、治理污染等效果。

(3)附件

附件包括各种附表、附图及配套证明材料等,所有材料应真实、齐全。

①附表

a.项目建设内容与规模一览表。

b.项目建设内容、规模及投资明细表。

c.项目总投资估算及资金来源表。

d.项目单项工程综合投资估算及资金来源表。

e.项目仪器设备投资估算及资金来源表。

f.项目招标基本情况表。

②附图

a.项目地理(区域)位置图。

b.项目区现状图。

c.项目建设规划图或总平面图(比例为1∶10 000 或1∶50 000)。

d.单项土建工程平面、立面、剖面图。

③有关证明材料

a.申报单位法人证件复印件。

b.新技术、新产品的科技成果证书及获奖证书复印件。例如检测站新技术的运用会改变检测工艺流程时需要提供相关新技术证明。

c.地方配套资金承诺证明,须明确省、地、县各级配套比例和金额,如汽车客、货运场站设计时,应考虑此问题。

d.落实土地使用证明。

e.有关技术合作、管理合作、经营合作意向协议书等。

f.其他依据性或证明文件。

初步设计编制完成后,按照现行的建设项目审批权限进行报批。初步设计文件批准后,其内容不能随意更改。

## 2.3.4　技术设计

技术设计是初步设计具体化的阶段,其主要任务是在初步设计的基础上,进一步确定各设计工种之间的技术问题。一般对于不太复杂的汽车服务场站工程可省去该设计阶段,因此在本书中仅做简要叙述。

技术设计应根据初步设计批复意见、测设合同的要求,对重大、复杂的技术问题,通过科学试验、专题研究,加深勘探调查及分析比较等方式,解决初步设计中未解决的问题,落实技术方案,计算工程数量,提出修正的施工方案,修正设计概算。批准后作为编制施工图设计的依据。

技术设计应根据初步设计批复意见、测设合同和需要解决的技术问题,满足下列有关要求:

(1)对初步设计所定方案详细研究,进一步补充和修改;

(2)补充必要的地质、水文、气候、地震和地质钻探资料,以及土工、材料、结构或模型试验成果;

(3)提出科学试验成果、专题报告;

(4)提出修正的施工方案;

(5)编制修正概算。

## 2.3.5　施工图设计

施工图设计是工程设计的最后阶段。它的主要任务是满足施工要求,即在初步设计或技术设计的基础上,综合建筑、结构、设备各工种,相互交底,核实校对,深入了解材料供应、施工技术、设备等条件,把满足工程施工的各项具体要求反映在图纸上,做到整套图纸齐全,准确无误。

1.施工图设计要求

施工图的设计文件要完整,内容、深度要符合要求,文字、图纸要准确清晰,整个文件要经过严格校审,避免"错、漏、碰、缺"。

施工图设计应根据已通过的初步设计文件及设计合同书中的有关内容进行编制,内容以图纸为主,应包括封面、图纸目录、设计说明、图纸、材料表及材料附图等。

施工图设计文件一般以专业为编排单位。各专业的设计文件应经严格校审、签字后,方可出图及整理归档。施工图的设计深度应满足以下要求:

(1)能用于编制施工图预算;

(2)能用于安排材料、设备订货及非标准材料的加工;

(3)能用于进行施工和安装;

(4)能用于进行工程验收。

在设计中应因地制宜地积极推广和正确选用国家、行业和地方的建筑标准设计,并在设计文件的"设计说明"中说明图集名称和页次。在进行服务场站工程具体设计时,应根据施工图设计程序设计合同书的要求,参照本文对相应内容的深度要求编制设计文件;当工程项目中有本文未列入的内容时,应参照相关规范的要求,将其增加编入设计文件中。

2.施工图设计程序

施工图设计分为 3 个阶段、7 个步骤和若干环节,见图 2-1。这些阶段、步骤、环节的纵向与横向之间,既相互联系,又相互制约,构成了施工图设计程序的网络系统。施工图设计必须严格按程序进行,还应有严谨的工作态度和严密的组织措施,否则,因某一环节出了问题,都会影响全部设计的进度和质量。设计师只具备一定的专业技术知识,而不懂施工图设计的基本程序和工作方法,很难做好施工图设计。下面按步骤进行介绍。

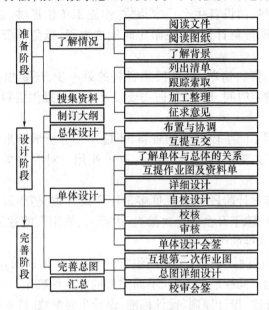

图 2-1　施工图设计程序框图

（1）了解情况。工程施工图设计的总负责人,接受任务后必须了解该项目的有关情况。首先要阅读设计批文,然后要阅读初步设计图纸资料,最后了解相关主管单位、建设单位、使用单位等的具体情况。

①阅读设计审批文件。初步设计的审批文件及审批意见,是开展施工图设计的主要依据。施工图设计必须遵循批文精神,每位参与设计的设计师,都要认真学习,深刻领会,掌握原则。如果施工图设计中出现了与初步设计批文不相符的内容应申述理由重新报批。

②阅读设计图纸。这是指施工图设计之前,重新熟悉初步设计,通过阅读初步设计图纸和有关说明,加深印象,分析和思考详细设计的技术措施,为深入设计打下基础。

③了解设计背景。这是指了解与设计有关的外部联系。工程设计除了受自然条件的约束之外,还受社会因素的制约。任何一项工程设计都不能闭门造车,设计是一种开放性的工作,要广泛征求用户、建设单位、施工单位、设备生产厂家等有关部门和人员的意见,有

些设计条件又要经上述单位提供,与他们建立良好的人际关系,这是保证设计顺利进行的重要条件。

(2)搜集资料。施工图设计的基本条件是掌握充分的基础资料,离开基础资料无法进行设计。对于基础资料的搜集,因每个项目的具体情况不尽相同,获取的途径也不一样。设计人员掌握一般的工作程序还不够,还要学会取得设计资料的方法。

①列出清单。搜集资料,首先要列出各专业所需的资料清单,清单应尽量详细,按由建设单位提供、由用户提供、由设备生产厂家提供、由施工单位提供、自己动手整理或寻找等分门别类注明,还要注明搜集计划,即在限定时间内取得,以免因资料误时,影响后续工作的进行。

②跟踪索取。列出资料清单,只是搜集资料的第一步,还要根据清单内容一一索取。应与相关单位负责人约定时间、地点,有时需要设计人员与提供资料的单位一起查阅、整理或摘抄。

③加工整理。采用不同手段取得的资料,不能不加分析地拿来就用,应该亲自动手整理。经过认真的分析,去粗取精,去伪存真,方可使用。对有些关键性资料要反复鉴别核实。

④征求意见。初步设计阶段征求意见多采用会议方式,初步设计是原则性问题,不涉及细节。而施工图设计,除了开会还要决策人、内行人、使用人的意见。这是由于施工图设计都是比较具体的、技术性的细节问题。

(3)制订大纲。制订设计大纲,是提高设计效率、保证设计质量的重要方法和重要环节。大纲的内容要根据不同性质的工程、不同类型的专业而确定。一般要确定设计的配合进度、设计范围、设计深度、设计原则、设计标准、设计主要参数、技术条件、控制措施等。

设计大纲是内部协调的权威性资料,要经技术主管部门的认可。一般由项目负责人主持制订。

(4)总体设计。所谓施工图总体设计,是依据设计大纲确定的原则进行的整体概念设计,其作用是指导每个单体设计。其成果是提供总体布置与工艺流程的内部设计配合的第一次作业图。

①布置与协调。总体设计,首先进行平面布置。它要确定工程内容的相互关系、相互位置、平面尺寸、交通运输、管道布局、进出通道等宏观控制问题。因此,总体布置的协调在初始阶段就非常重要。

总体布置通常是主导专业先行,其他专业紧密配合。在主导专业绘制大概轮廓的草图时,就要征求其他专业的意见。草图绘出之后,召开协调会解决专业之间的矛盾,再根据意见做修改。

总体设计除了平面布置,还要从空间概念入手,考虑总体空间的组合。例如:汽车客运站设计,就应该考虑客运车辆停放位置、出入口设置、候车厅、售票厅等的楼层设置。

②互提与互交。各专业在协调一致的思想基础上，要完成并提出作业图与配合条件，相互创造条件。各专业的总体布置作业图和配合条件，要经校审再提出。互提的作业图，应相互签字，各负其责。

（5）单体设计。总体设计完成后，就有条件进行单体的详细设计。总体设计对单体设计起控制与指导作用，单体设计又是总体设计的深入和完善。

①了解单体与总体的关系。每当开始一个单体（或子项）工程的设计时，每个专业都要了解其单体与总体工程的相互关系，甚至也要了解此单项与其他单项的关系。任何一项单体设计都要服从于总体工程。

②互提作业图及资料单。设计活动中，协同非常重要，施工图设计更是如此。单体施工图设计，进度上尽管有先有后，但是从控制整个设计的周期讲是同步的。一般情况下，主导专业先为其他各专业创造设计条件，即提出作业图或资料单，然后，其他专业再向主导专业反提资料，相关专业之间也要互提作业图或资料，见图 2-2。有些复杂的工程设计，这种往返提供资料要进行多次。

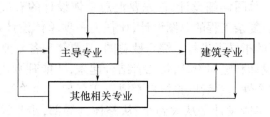

图 2-2　互提作业过程示意图

③详细设计。经过前几道工序，设计人员就可单独进行单项设计。在这一环节中，设计人应制订自己的设计计划。单项设计要尽量集中精力，一气呵成。不可拖延时间，也不要同时进行几个单项设计，因为每个人的精力都是有限的，一个单体一个单体地进行，会提高工作效率，加快设计进度。

如果几个人同时做同一单体的专业设计，设计的分工与计划尤其重要。大多数专业，在设计过程中除了设计绘图，还要进行计算。一般先计算，后绘图。不管是复杂计算，还是简单计算，都应写出计算书，整理成册并归档。

④自校设计。设计的自校自核是保证设计质量的重要手段。施工图详细设计的出错率，较其他设计阶段要多得多。设计人员自校自核容易发现问题，也方便修改。

⑤校核。施工图的校核，是一项非常细致的工作，也是保证设计质量和工程质量的重要手段。设计人员往往对设计的错误形成思维定式，容易忽视简单的错误，因此需要施工图的校核。校核人员应该具有较高的技术水平和校核技巧，施工图校核要做到认真、仔细、全面、彻底。校核的内容包括设计原则的确定、设计依据的来源、设计参数的确认、计算书

的核对,图纸尺寸的校对、注释的检查等。

⑥审核。审核是单体设计最后一道工序。审核人的角色一般要高于校核人,在技术上要起到决策与把关的作用,审核工作是更高一层次的技术工作。因此,施工图设计的单体审核,不是校核工作的重复,其工作的重点是审查设计中的原则问题和关键部位。审核人除了要具备较高的技术水平,还要客观了解设计的总体。

⑦单体设计会签。各专业设计图纸经校审后,要组织会签。会签的目的是检查各专业之间相互不一致的地方。会签的原则是统一组织、同步进行。这项程序由设计人亲自完成。会签中发现问题,及时协调、及时解决、及时修改。

(6)完善总体设计。总体设计,往往开始在先,结束在后。前面已介绍了总体框架设计,各单体设计进入尾声就要着手完善总体设计。

①互提第二次作业图。完成了单体设计,每项单体与总体的相互关系及相关尺寸就可以全部确定。各专业要根据单体设计提供的依据,将第一次作业图补充修改后,再提供其他专业。

②总图详细设计。总图详细设计,首先要汇总单体设计的有关内容,然后还要将总图中各个部位画出大样。复杂工程的总图设计,比任何一项单体设计都烦琐。各专业总图的完善,要在综合性总图的指导下进行。综合性总图,又要体现各专业总图的内容。

总图设计有平面设计和竖向设计,将二者结合起来,才能理顺内部与外部的复杂关系。总图设计的实践性、综合性、技术性、系统性都要胜于任何一项单体设计。总图设计的方法与单体设计有所不同,单体设计是从大到小、从整体到局部,步步深入,而总图设计是由粗到细、化整为零,再由零到整反复进行。

③校审、会签。总图设计中的校审和会签的步骤和方法与单体设计的校审和会签完全相同。

④汇总、归档。施工图设计汇总,主要是编排各单项设计的顺序,复查图纸目录编号。施工图设计的底图、计算书、有关文件等,要全部存档案管理部门,这就是归档。由档案管理部门统一组织晒图、装订,向有关单位发放。

3.施工图设计的内容

施工图设计的内容主要包括:确定全部工程尺寸和用料;绘制建筑结构、设备等全部施工图纸;编制工程说明书、结构计算书和预算书等。这里仅简单介绍建筑施工图和结构施工图设计。

(1)建筑施工图。建筑施工图是表示建筑设计主要内容的图样,包括建筑总平面图、建筑平面图、建筑立面图、建筑剖面图和建筑详图等。

①建筑总平面图。

②建筑平面图。

③建筑立面图。建筑立面图主要表示房屋的外形,因外形的直观性较强,一般容易掌

握和表达。

④建筑剖面图。它实际上是整幢建筑竖直方向的剖面图。因其剖切位置是根据需要确定的,所以必须将建筑剖面图的具体剖切位置在底层平面图加以表达。楼梯是联系上下各层的通道,一般又较复杂,所以在楼梯部位常需用剖面图来表达。因建筑剖面图是表达房屋高度与宽度或长度之间的组成关系,一般而言,较平面图复杂,且要求表达的构造内容也较多,故有时将建筑剖面图采用较大比值的比例(1∶50)画出,此时砖砌体的墙体必须画出其材料图例。

⑤建筑详图。由于有些汽车服务场站建筑形体较大,不可能采用较大比值的比例画出,一般采用1∶100。但某些构造或细部就无法清楚地表达,给施工带来困难,因此,为了弥补这些局部问题,就采用局部放大的建筑详图来解决。建筑详图可适用于建筑平、立、剖面图,但为了表示建筑详图与所在的平、立、剖面图中部位的相互关系,必须使用索引符号和详图符号予以对照而不致发生混淆。

(2)结构施工图。根据结构材料的不同(如钢结构、木结构、钢筋混凝土结构等),结构施工图的图示方法和内容也各不相同。

①结构平面图。结构平面图表示建筑上部结构布置的图样,称为结构布置图。在结构布置图中,采用最多的是结构平面图的形式。在楼层房屋中,结构平面图是表示房屋室外地面以上各层平面承重构件布置的图样。它们分别表示各层楼面和屋面承重构件,如梁、板、柱、墙及门窗过梁等的平面布置情况,所以楼层结构平面图是在各层楼板面上方各采用一个水平剖面图来表示的,与各层建筑平面图有着显著的区别。为了突出结构内容,采用一条细对角线来表示楼板的布置范围,用粗点画线表示楼板下各种梁的中心位置,对于楼板下不可见墙体和门窗洞的位置采用细实线画出。

②钢筋混凝土结构详图。钢筋混凝土结构详图主要是配合结构平面布置图来表示各承重构件的形状、大小、材料、构造和连接情况。钢筋混凝土构件有定型构件和非定型构件。定型构件不论是预制或现浇的,可套用标准图集,只要注明图名、代号、规格等,不必重新绘制。非定型构件则必须画出结构详图。钢筋混凝土结构详图内容较多,常见的是梁、板、柱和楼梯结构详图等。

③基础图。基础图一般包括基础平面图和基础详图。基础平面图实际是剖切在建筑内地面下方的一个水平剖面图。它是施工时在基地上放灰线定出房屋定位轴线、基础底面长宽线、墙身线、开挖土坑和填筑基础的依据。在基础平面图中,所剖切到的基础墙和柱的外形线须画成粗实线;基础底面的外形线则画成中实线;对条形基础受力较大的部位设有基础梁时,采用粗点画线表示梁的中心位置和长度。基础平面图还需采用基础详图来表达基础的具体结构形式和组成,条形基础需采用断面图来表示,断面图的剖切位置和符号也在基础平面图中标注。

# 第3章 水运港口

## 3.1 港口概述

### 3.1.1 港口在运输系统中的地位

港口作为综合交通的枢纽和旅客、货物的集散地,在整个交通运输系统中历来就起着举足轻重的作用。合理的港口布局、适度的港口建设和高效的经营是一个国家发展旅客和货物运输,加强国际交往的重要保证。不仅如此,港口还是国民经济和地区经济发展的增长点。港口的运输功能、工业功能和商业功能的发展,加速了地区城市化的进程,促进整个国民经济的发展。根据统计资料显示,在全国的对外贸易中,90%以上的货物是通过港口进出和装卸的。

如上海,虽然其没有大量的工业用原材料和燃料等资源,但凭借其优越的地理位置和四通八达的运输网络,尤其是便利的内河运输和沿海的集疏运条件,该城市已经成为我国的经济、金融和贸易的中心,并正向国际经济、金融、贸易和航运中心的目标迈进。

如荷兰的鹿特丹港作为世界第一大港,每年吞吐量约3亿吨,与阿姆斯特丹港一起,使荷兰这个地域小国成为了世界贸易大国,而其异常发达的港口工业为该地区和整个国家的繁荣做出了贡献。

### 3.1.2 港口的发展及其功能

从港口的功能上看,一般将其发展历史划分为以下阶段。

第一阶段:是18世纪以前,当时的港口仅作为从事船舶装卸活动的场所;在此阶段,港口主要完成货物的装卸、仓储和运输功能,为完成这些功能,港口还需要具有运输组织的功能。同时,港口还需要为船只以及人员提供必要的服务功能。

第二阶段:是从18世纪末至20世纪中叶,港口的功能已扩展到贸易领域和转口功能,即港口不仅是为船舶从事装卸活动的场所,而且也是贸易活动的领地,以港口装卸活动保证贸易活动的开展,为转口贸易提供便利条件。

第三阶段:开始于20世纪50~60年代,伴随着工业技术革命,港口工业迅速兴起,出口加工工业、自由贸易工业不断借助港口优势在港区内建设起来,将港口与城市发展、港口与出口加工工业等有机地结合起来,使港口成为集疏运中心、贸易中心、金融中心和工业中心为一体的综合性区域。目前港口已发展为综合物流中心。

现代港口具有三大功能:

1. 运输功能

(1)船舶进出港的相关活动。如引航、拖带、船舶供给、维修、通信、为船员提供的生活娱乐服务、海关、商检、港监、卫检和动植物检疫等。

(2)与货物和旅客中转相关的活动,如货物装卸、搬运、仓储。

2. 工业功能

(1)依靠港口深水条件并服务于航运业的工业,如造船、修船、港口工程等。

(2)以原材料和产/成品大量依靠船舶运输的工业,如冶金、石油、汽车工业等。

经济学家在分析商品成本时发现,运输成本在商品成本中占很大的比重,尤其是那些原材料需要大量进口或产品需要大量远销的工业。根据规模经济理论,大批量的运输可以降低单位成本。而船舶正是这种大批量运输的理想工具,因此,在港口城市建立工业,不仅可以利用大船运输的优势节省成本,而且在港口城市建厂可减少原材料和产品的中转次数,从而降低成本。

3. 港口的商业和贸易功能

(1)港口的贸易和仓储功能。现代港口的仓储已不仅仅是为了继续运输的需要,它已成为综合物流的一个重要环节,由于大船运输成本低,这样将大批量的货物存储在港口就可以既不间断地供应市场,同时又可以降低成本,不少国际大公司在港口建立配送中心,因此世界大港口均专门开辟了一定的区域,配备了所需的设施为企业提供仓储和配送所需要的所有服务。

(2)港口的贸易功能。贸易功能是港口的派生功能,由于使国际港口与国际交易市场紧密相连,很容易及时地将货物从港口运往市场,这就促成了众多的贸易公司在港口和港口城市设立机构,以方便及时地了解市场行情,及时购入、卖出某种商品。随着工业和贸易功能的增强,一些为产业服务的行业,如金融保险等也随之发展起来。

## 3.1.3 港口的基本组成

从范围上讲,港口主要包括水域和陆域两部分,如图 3-1 和图 3-2 所示。

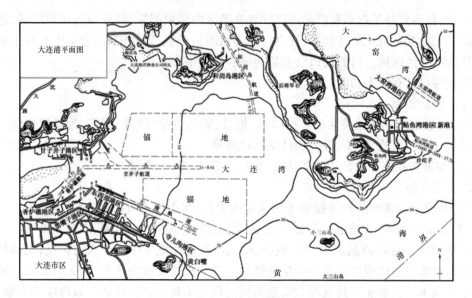

**图 3 - 1　港口陆域图**

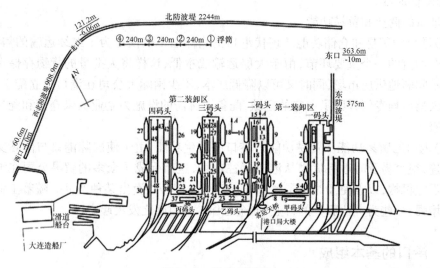

**图 3 - 2　港口水域图**

　　现代港口生产作业系统及主要设施可归结如表 3 - 1 所示。港口生产作业是系统化生产,各部分必须相互适应,只有五大系统能力协调、配合,才能形成港口的综合生产能力。

表 3-1　港口作业系统及主要设施

| 序号 | 作业系统 | 主要设施 |
|---|---|---|
| 1 | 船舶航行作业系统 | 航道、通信导航设施、助航拖船、锚地、回旋水域、港池、航修设施、船舶供水、供油、船舶废弃物收集 |
| 2 | 乘降、装卸作业系统 | 码头、装卸作业锚地、装卸机械、运输机械、旅客上下船设施、防波堤、控制中心、计算机中心 |
| 3 | 存储、分运作业系统 | 港内各种仓库、堆场、库内机械、分运中心(分拨中心)、客运站、宾馆 |
| 4 | 集疏运作业系统 | 铁路、公路(进港高速路)、水网、管道 |
| 5 | 信息与商务系统 | 港口 EDI 商务中心(电子数据交换系统)、贸易服务中心(世界贸易中心) |
| 6 | 环境保护 | 港区各种绿地、各种污水(含油、含煤、洗箱)处理、废弃物处理、油回收船、海面清扫船 |

以上各个系统的协调配合组成港口的综合生产能力——通过能力。

## 3.1.4　港口的定义和分类

1.定义

港口,是位于江、河、湖、海或水库沿岸,具有明确界限的水域和陆域及相应的设备和条件,提供船舶出入和停泊,旅客上下船,货物装卸、储存和驳运,以及船舶补给、修理等技术和生活服务的场所。

就其作用而言,是交通枢纽、水陆联运的咽喉;是水陆运输工具的衔接点和货物、旅客的集散地。

就其工程内容而言,是各种工程建筑物(水工、房建、铁路、道路、给排水等)设备的综合体,而港口水工建筑物是这个综合体的主要部分。

2.分类

(1)按照用途分类

商港:以一般商船和货物运输为服务对象的港口。

工业港:供大型企业输入原材料及输出制成品而设置的港口,也称业主码头,如上海地区位于长江南岸的宝钢码头。

军港:为舰艇停泊并取得所需战术技术补给的港口,在港口选址、总图布置、陆域设施等与上述港口有较大差别。

渔港:为渔船停泊、捕捞渔货保险、冷藏加工、修补渔网、中转外调渔货和渔船补给的基地。

旅游港:为游艇停泊和上岸保管而设计的港池、码头及陆域设施的港口。

避风港:供船舶在航行途中,或海上作业过程中躲避风浪和取得少量补给的港口。

(2)按照地理位置分类:海港、河口港、河港和水库港。

(3)按照自然条件分类:天然港和人工港。

(4)按港口的层次地位分类:航运中心港、主枢纽港、地区性枢纽港、地区性重要港口和其他中小港口。

(5)按集装箱运输份额分类:国际集装箱枢纽港、区域性枢纽港和支线港(喂给港)。

(6)按装卸货物的不同分类:综合性港口和专业性港口。

3.港口腹地与规模

港口腹地指港口货物吞吐和旅客集散所及的地区范围(在公、铁路被称为辐射范围)。

(1)陆向腹地。陆向腹地不仅与港口所在区位有关,还与港口同内地之间的贸易和运输联系的紧密程度相关。如上海港担任江、浙、沪大部分货物进出口,而且通过各种运输方式扩展到整个长江流域,但邻近的南通港则主要负担苏北地区的货物进出口。国际性港口的腹地可覆盖多个国家,如鹿特丹。影响腹地大小的因素有经济发展水平、交通运输、政治以及地区保护政策。港口的陆向腹地会发生重叠,港口之间具有竞争的关系。

(2)海向腹地。海向腹地受以下因素的影响:一是港口海向腹地与陆向腹地的互补程度;二是港口与其海向腹地之间的距离以及与国际航线间的距离;三是传统联系的影响。

衡量港口规模的重要指标为港口吞吐量。

吞吐量:一年间经由水运输出、输入港区并经过装卸作业的货物总量称为港口吞吐量,单位为吨,吞吐量是衡量港口规模的重要指标。

日本将港口分为以下几种:

(1)特别重要港口,即对促进国际贸易具有特殊重要性的港口;

(2)重要港口,即对国家具有重要作用的港口;

(3)地方性港口;

(4)其他港口(如避风港)。

# 3.2　港口规划与布局

## 3.2.1　港口规划的概念

港口规划是指对未来一定时期港口布局和发展规模的预测和设想。港口规划的主要内容包括港口的性质、发展目标与规模,港口陆域、水域及岸线布置,吞吐量预测、功能划分和集疏运系统等。

港口规划按层次可分为港口布局规划、港口总体规划和港口港区规划三个层次,如图3-3所示。按时间序列又可分为远景规划、中期规划和近期规划。

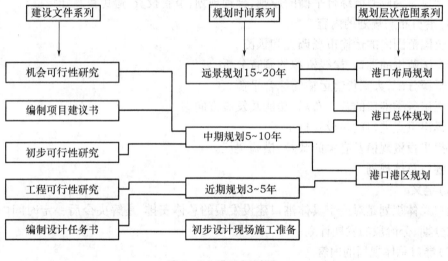

图 3-3　港口规划图

## 3.2.2　港口布局的概念

1.港口布局规划

(1)定义

港口布局规划是根据国家或地区资源、生产力布局和港口自身特点以及未来的发展战略,对港口的建设地点、类型、规模及建设时间做出的宏观安排,以充分满足国民经济长远发展的需要。

（2）港口布局规划的原则

①应以国家和地区的经济发展规律为基础,配合、支持和促进经济的发展。港口不仅是服务于地区内既有经济的基础设施,而且是一个国家、地区或一个城市在全球范围内进行资源配置的重要场所。不仅要满足本地区的交通运输需求,还要满足全国经济发展、产业布局和对外开放对全国综合交通网的需要。同时,港口布局应充分体现规划区域的经济特点,并适合区域经济向规模化、集约化和高附加值化发展的要求。

②港口布局规划应注意与综合运输体系的协调、衔接。

③港口布局规划应注意合理使用岸线资源,"深水深用、浅水浅用"是港口规划建设中一贯强调遵守的原则。

④港口建设安排应与国家、地区经济发展相协调,与城市的总体发展规划相一致,适度超前发展。

⑤港口布局应遵循综合平衡的原则,合理规划,节省投资,避免重复建设。

（3）港口布局规划的内容

①全国范围内的运输市场调查和预测。

②全国范围的港口、岸线资源的调查分析。

③货源分配,大宗货物运输的综合平衡。

④提出各类港口的合理布局、功能及发展方向。

⑤提出重点港口的建设安排纲要。

⑥提出投资规模及有关的政策、措施建议。

**2.港口总体规划**

（1）定义

港口总体规划是对一个具体港口建设发展的总体安排,是解决今后一定时间内的发展方向和分期、分阶段的发展计划。

（2）港口总体规划的内容

①对港口现状的分析评价,包括港口的地理位置和自然条件,港口状况的描述和评价,港口主要货类的构成分析,港口集疏运条件分析以及港口存在的主要问题分析等内容。

②港口经济腹地的发展分析和港口吞吐量发展水平预测。

a.根据腹地的经济发展水平、经济结构以及腹地之间的竞争关系,竞争可分为 3 个层次。

（a）不同的港口群之间的竞争,由于内陆运输状况的改善,港口群间的运输越来越方便。

（b）同一港口群内的不同港口之间的竞争,这是港口竞争中最激烈的一层,由于其陆向腹地交叉、重叠,选择哪一个港口基本没有成本差别,港口只能靠服务质量和服务价格竞争。

（c）同一港口内不同港口企业之间的竞争，在世界上多数国家，同一个港口可以由多家港口企业经营，这些企业可以是同一个企业集团下的不同公司，也可以是分属于不同企业集团的分支机构，出于对利润的追求，港口的各个经营企业之间的竞争非常激烈。随着中国港口的"政企分开"，港务局对港口经营干预的减少，竞争会越来越激烈。

b.吞吐量的预测方法有 Dephi 方法、回归分析法、时间序列法等。

③确定港口的基本性质和主要功能。

④到港船型发展及货流预测。

⑤确定主要港区港址。

⑥港口岸线利用规划。

⑦港口陆域布局规划。

⑧港口水域布局规划。

⑨港口的集疏运规划。

⑩港口配套设施规划。

⑪港口环境保护规划。

⑫建设资金筹措方案计划。

⑬提出规划的分期实施安排。

⑭港口信息与商务系统规划方案。

⑮绘制港口总体规划及各专项规划布置图。

⑯编写港口总体规划文件。

⑰其他有关问题和建议。

**3.港口港区规划**

除了小型港口和专业化港口外，通常大中型港口都由若干个港区或作业区组成。港口港区规划是对港口总体规划中涉及的组成部分进行深入规划，是实施港口总体规划的后续工作。

港口专业区划分就是将进出港的货物根据货物种类、船舶类型、货物流向、集疏运条件、自然条件及环境保护等因素，按照港口总体规划和功能布局的原则，划分成不同的专业区。综合性港口一般划分为集装箱区、件杂货区、干散货区、油品区和客运区等几大部分。

（1）港区规划的内容

①详细地分析预测运量、船型和船舶周转量。

②就已预测的各类货种运量，研究可选用的装卸工艺及其对未来生产效率的影响。

③确定泊位组，提出恰当的水域、陆域尺度及相应的位置方案。

④对③所确定的每一方案的海岸段进行较深入的勘测，以利于调整泊位组位置和选择合理的布置方案。

⑤仓储系统、分运中心方案布置。

⑥集疏运系统能力与布置方案。

⑦港区配套设施规划与配置。

⑧投资估算和资金筹措方案选择,有弹性的建设时间表。

⑨经济效益初步分析、经营思路调整。

⑩环境评价与规划。

⑪港口港区未来发展向自由贸易区(保税区)转变的规划方案(如有这种客观条件)。

⑫港区规划布置图。

⑬编制港区规划文件报上级有关部门。

(2)港区规划的原则

①充分考虑各专业区的职能与相互关系,宜将不同货类分别集中布置在不同区域。

②规划专业化码头。船舶专业化、大型化要求码头向专业化、深水化发展。

③在港区布置中要遵循大、中、小泊位相结合的原则,因地制宜,有利于不同等级的船舶停靠和货物的装卸,充分发挥港口的吞吐能力。

④大型散货区可根据船舶尺度大、港池深和船舶泊稳要求低等特点,选择开敞式布置,且与其他港区保持合理距离,粉尘或有气味物体码头要布置在城市和其他码头的下风向。

⑤集装箱区和杂货区的布置一般与有污染和有安全要求的专业区保持一定的距离,同时集装箱区应有较好的集疏运条件。

⑥客运区应布置在靠近城市的位置。

⑦工程船舶,如靠泊拖轮、引水船等工作码头可集中布置。

⑧在进行综合性港口的分区规划时,如果岸线有限,一般把毗邻岸线的陆域面积留给件杂货和集装箱区,把可以管道或皮带输送的大宗散货布置在后方。

⑨港口分区应充分考虑港口向国际现代物流中心发展的方向,在用地布置时留有发展余地。

## 3.2.3　港口调查与分析

1. 调查的必要性

只有对港口现状做出了客观、真实的评价,对未来吞吐量发展趋势进行科学的预测,才可能提出切实可行、符合实际的规划方案,发挥投资的最大效益。

2. 经济和社会条件调查

3. 港口自然条件调查

风:对船舶操纵的影响,大风、台风对港口作业以及港口建筑的影响。

降水:对装卸货物的影响。

雾:能见度。

## 3.2.4　港口的平面布置形式

1.要求

(1)巧妙地利用自然环境来满足港口营运的要求。

(2)节省建设投资和维护费用。

2.形式

(1)依自然地形布置。如图 3 - 4 所示。

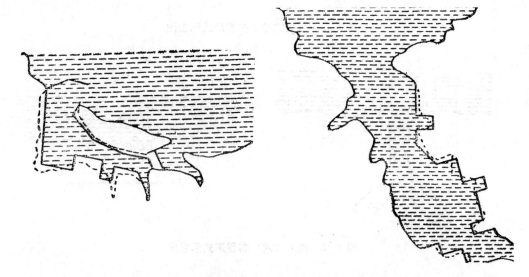

**图 3 - 4　依自然地形布置的港口布置形式示意图**

多见于河口、海湾潮汐水道以及港湾形水道上,一般投资省,泊位基本沿岸线布置,船舶靠离比较方便。进出港航道和港池回淤常常被视为重要问题,疏浚往往是不可避免的。为了避免过大的维护性疏浚,要认真分析水动力条件和泥沙运移规律,这种布置形式一般在早期的港口选址采用。

(2)填筑式。如图 3 - 5 所示。

填筑式是最常见的形式,大部分码头岸线伸出自然岸线,码头场地主要以填方形成。一般尽量将港池挖泥吹填至潮间带,经固结成为港口发展用地。把挖泥弃土与填土造地两种作业结合在一起,通常可以取得减少投资的效果,同时还可减少弃土对海洋环境的影响。

(3)挖入式。如图 3 - 6 所示。

多见于河港、河口港以及海岸带的泻湖洼地(如京唐港),港池由开挖陆域而形成。它

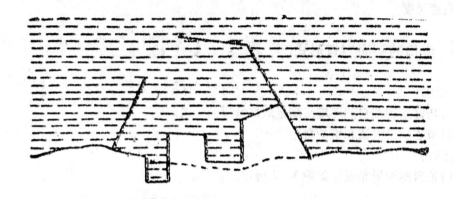

**图 3 – 5　填筑式港口布置形式示意图**

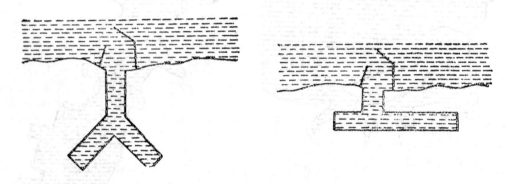

**图 3 – 6　挖入式港口布置形式示意图**

适合于水体悬移含沙量较低或泥沙运移以推移质为主的地点。挖入式港口一般在入口处修建防波堤,既防波又防止沿岸泥沙入侵。

　　选择何种布置形式需要根据当地自然条件,为了避免过多的维护疏浚,需要认真分析水动力条件和泥沙运动规律,所选布置形式是否适宜,应以加强天然水动力条件为准,而不是削弱或干扰它。

# 3.3　港口水域设施

　　1. 水域设施的组成
　　水域设施的组成有港池、航道、锚地、回旋水域、防波堤以及导航设施等。
　　2. 水域设施的要求

（1）需具有足够的水深。

（2）进出港航道走向的布置应满足船舶安全进出港口。

（3）航道和港池的维护性挖泥量应尽量小。

（4）港池内应有良好的泊稳条件，以便船舶能安全、顺利地完成货物装卸作业和旅客上下船。

（5）港口水域尺度应能满足船舶回旋、制动、港内航行、停泊作业的要求。

（6）除应满足设计船型的航行、停泊所需的水域外，还应考虑港口辅助船舶的航行和停泊要求，在布置上应尽量减少大小船之间的干扰。

## 3.3.1 航道

航道是港口为船舶安全航行提供的一条特定的航行线路。多数情况下，近海自然水深不能满足船舶吃水要求，需要经人工开挖形成航道。

1. 航道选线

（1）避免与强风或频率较高的风呈大交角。

（2）避免与流速大于 1 kn 的水流呈大交角。

（3）尽量顺直。

（4）防波堤口门外的航道应满足船舶制动的要求为直线段。

（5）防止航道在波浪和潮流的作用下产生回淤。

2. 航道宽度

航道宽度 = 航迹带宽度 $a$ + 船舶间富裕宽度 $b$ + 船舶与航道侧壁间富裕宽度 $c$。

航迹带宽度 $a = n(L\sin\gamma + B)$。

船舶间富裕宽度 $b = B$。

船舶与航道侧壁间富裕宽度 $c$ 查表确定。

综上，双向航道宽度 $w = 2a + b + 2c$。典型的双向航道宽度约为 $8B$。

单向航道宽度 $w = a + 2c$。典型的单向航道宽度约为 $5B$。

3. 航道水深

影响水深的两个因素：

（1）船舶航行或停泊不致触底所需的富裕水深

①水深误差

a. 水深变化。实际水位与测量水位之间有误差，可能来自潮高测验或预报误差。水位预报误差一般为 0.2 m，但由于港口营运均有自己的验潮站，故此误差一般不会超过 0.01 ～ 0.02 m。

b. 海图、水深图测量误差。我国港口工程测量技术规范规定：水深 10 m 以内为

0.15 m;水深 20 m 以内为 0.2 m;超过 20 m 时为水深的 1/50。

　　c. 船舶抛锚引起的富裕量。船舶在航行中遇险紧急停船抛锚时,锚成为航道上的障碍物,因此必须有不让锚碰坏自己船底的富裕水深。该值与锚的类型、质量、尺寸以及底质土壤性质有关。如 10 万吨级船,配锚重 13 t,在不利下锚状态时,锚爪突出海底 1.3 m。

　　②因船舶运动吃水增加

　　a. 航行时船体下沉。

　　b. 船舶在波浪中航行时的下沉。

　　(2)减少船舶操纵困难所需的富裕水深

　　①考虑船舶操纵性能所要求的水深。

　　②保护船舶主机,避免冷凝器取水口堵塞所需要的水深。

### 3.3.2　锚地

　　1. 定义

　　专供船舶(船队)在水上停泊或进行各种作业的水域。

　　2. 分类

　　按照位置分为:

　　(1)港外锚地。供船舶候潮、待泊、联检及避风使用。

　　(2)港内锚地。供待泊或水上装卸作业使用。

　　按照功能分为:

　　(1)装卸锚地。为船舶在水上过驳的作业锚地。

　　(2)停泊锚地。包括到离港锚地、供船舶等待靠码头、候潮和编解队(河港)等用的锚地。

　　(3)避风锚地。供船舶躲避风浪时的锚地。

　　(4)引水锚地。

　　(5)检疫锚地。为外籍船舶到港后进行卫生检疫的锚地,有时也和引水、海关签证等共用。

　　3. 锚地停泊的方式(图 3 - 7)

　　锚泊:单锚、双锚。

　　浮筒系泊:单浮筒、双浮筒。

　　4. 锚地的布置要求

　　(1)为了避免影响船舶的航行,港外锚地边缘距离航道边线不应小于 2 ~ 3 倍船长。

　　(2)港外锚地水深不应小于船舶满载吃水的 1.2 倍。

　　(3)锚地底质以软硬适度的亚沙土和亚黏土较好,其次是淤泥质沙土。

　　(4)应尽量避免在横流较大地区设置双浮筒锚地。

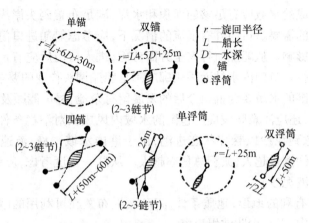

图 3 − 7　锚地停泊的方式示意图

### 3.3.3　回旋水域

1.设置位置

方便船舶靠离码头或进出港的地点。

2.水深要求

与航行水域共用并具有相同的水深。

3.尺度

考虑风、浪、流,以及港作拖轮的配备,需查表确定,一般为 $3L$,集装箱船可达 $6 \sim 8L$,其中 $L$ 为船长。

### 3.3.4　防波堤

1.防波堤布置

(1)定义。防波堤是用来抵御港外波浪侵袭,兼作防沙减淤作用的外海水工建筑物。一般布置在港内水域的外围,保证港内水面平稳和具有足够的水深,使船舶能安全进出港口和进行装卸作业与停泊,有时也兼防泥沙、水流及冰凌对港口和进港航道的侵袭。

(2)影响防波堤设置的因素。波浪、流、风、泥沙、地形地质条件,船舶航行、泊稳、施工条件和投资限制。

(3)防波堤的布置原则

①防波堤轴线布置要与码头布置相配合,码头前水域要满足允许作业波高值。防波堤的布置和选型应特别注意长周期波的影响。

②防波堤所围成的水域应有足够的面积和水深,满足布置码头岸线、码头前停泊水域、调头水域以及航道的需要。口门外有横流的情况下,应考虑船舶进口门前航速及航角对进口门后船舶航行的影响。从船舶航行安全方面考虑,进入口门后应有足够的航行水域作为缓冲和对准泊位航行。口门内水域面积轮廓应满足船舶调头作业的要求。

③防波堤所包围的水域要为港口今后的发展留有余地,尽可能顾及港口的规模"极限"和极限船型。同时,还应注意防波堤所包围的水域内风成波对泊稳条件的影响。在淤泥质海岸的港口,应注意到泥沙以悬移状态进港,由于港内水域平稳、流速减少,悬沙落淤,因此,水域面积越大,纳潮量越大,淤积总量亦越大。从这一角度考虑,应缩小无用水域面积,以减少纳潮量和进港泥沙。

④要充分利用有利的地形、地质条件,将防波堤布置在可利用的暗礁、浅滩、沙洲及其他水深不大的水域中,以减少防波堤投资。

⑤在泥沙运动十分活跃的海域,把防波堤布置在近岸浅水区,人工疏浚航道港池,并将挖泥吹填至陆域,在很多情况下是选方案之一。

⑥港内水工建筑物为直立式结构时,应注意结构造成的多次反射引起对港内泊稳的影响。当通过模型试验研究表明有泊稳恶化的情况时,则应采取消波措施。

2. 口门布置

(1)口门位置应尽可能位于防波堤突出海中最远、水深最大的地方,以方便船舶出入。在沙质海岸,口门宜布置在泥沙完全移动临界水深之外,以减少口门外泥沙进港和口门淤积。在淤泥质海岸,泥沙在波浪作用下以悬移形态运移,水深越大含沙量越小。口门宜布置在远离破碎带、含沙量小的深水处。见图3-8,图3-9。

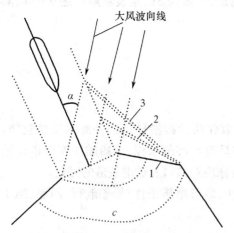

**图3-8 口门布置位置的说明图**

a-船舶进口门航向与频率较大的强风强浪的夹角;c-门口进入的水波;1-防波堤;2-锚地边界

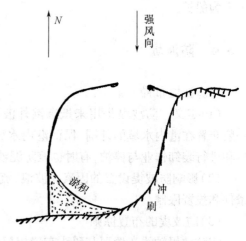

**图3-9 失败的口门布置图**

N-方向

（2）从口门至码头泊位,一般宜有大于 4 倍船长的直线航行水域和 3 倍船长的调头圆,以便于船舶进入口门后控制航向、减低航速、与拖船配合完成转头等操作。布置直线航行水域有困难时,亦可布置在半径大于 3 ~ 4 倍船长的曲线上。

（3）口门方向力求避免出现大于 7 级的横风、大于 0.8 kn 的横流、船尾直向强风（即从船尾方向吹来）和波高大于 2.5 ~ 3.0 m 的尾追浪,以使操舵稳定。一般来说,船舶进口门航向与频率较大的强风强浪夹角在 30° ~ 60° 为最好。

（4）口门的布置还应使从口门进入的波能尽可能少,以维护水域泊稳要求。

（5）口门宽度。船舶在通过口门时一般不考虑错船或超越。口门宽度在任何情况下不宜小于设计船长,并应认真研究和预测本港最大船型的船长要求。

（7）口门数量与航行密度、港口性质、环境条件等因素有关,在满足泊稳要求的条件下,两个口门一般比一个好。两个口门可以大小船分开进出港区,或分别适宜于不同风浪向进出,或不同性质船舶（商港、渔港等）分开进出等,增加运行的灵活性。两个口门也常有利于环保,增强港内水域的水体交换和自净能力,但在泥沙活跃的海岸则需做具体分析。在船舶周转量大的港口,要核算一下口门的通过能力。

3. 防波堤轴线布置

（1）防波堤轴线布置应能使港内水域迅速扩大,使进入口门的波能很快扩散,波高迅速减小。这样布置轴线也有利于在口门附近布置方便船舶航行的调头圆（参见图 3 - 9）。

（2）防波堤轴线转弯时,折角 $\theta$ 宜在 120° ~ 180° 之间,折角处根据结构可能,尽量圆滑或多折线形连接。

（3）尽量缩短防波堤与当地最大波向正交的长度,减小作用在堤上的波力。

（4）布置防波堤轴线要注意小范围内地质条件的变化,有时轴线稍加移动,可大大减少地基处理费用。

# 3.4 港口陆域设施

## 3.4.1 概述

1. 定义

港口陆域是指从事与港口功能相关服务的陆上区域。

2. 组成

（1）生产设施。如码头、仓库、堆场、铁路、公路、港区道路、装卸机械和运输机械。

（2）生产辅助设施与信息控制系统。如给排水、供电照明、通信导航、办公、维修基地等。

（3）其他。如生活设施、环保设施、为满足物流服务的设施等。

**3.陆域平面布置的任务**

根据港口生产活动的各个环节,合理安排陆域的装卸作业区、辅助生产作业区、铁路、公路等,并要合理确定陆域规模。

## 3.4.2　码头布置

**1.影响因素**

(1)自然条件。

(2)船舶作业。

(3)陆上货物集疏运、存储等营运条件。

**2.布置类型**

(1)顺岸式布置(图3-10)

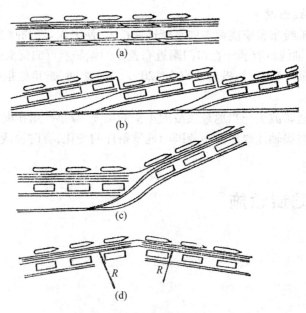

**图3-10　顺岸式布置示意图**

特点:码头前沿线大体上与自然岸线平行或成较小角度。

优点:有较大的陆域面积,便于布置仓库、堆场;对原有的水流形态影响小。

适用:广泛应用于河港或河口港。

（2）突堤式布置（图3－11）

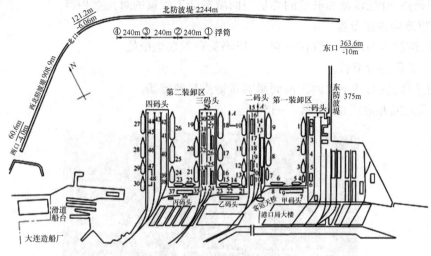

**图3－11　突堤式布置示意图**

特点：码头前沿线与自然岸线成较大角度。

优点：占用自然岸线少；港区布置紧凑，易于管理，用于掩护的防波堤短。

适用条件：广泛应用于海港。

（3）挖入式布置（图3－12）

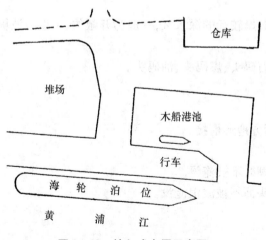

**图3－12　挖入式布置示意图**

特点：向岸侧开挖港池和航道，港池深入到陆域内。

优点:可适应特殊地形和布置。

适用条件:开挖港池和航道的方量与回填造陆工程量的对比量相当。

(4)防波堤内侧布置

特点:防波堤与码头布置在一起,一般码头布置在堤根处。

优点:工程造价节省。

适用条件:宜布置不致因溅浪而影响货物质量的堆场。

(5)岛式或开敞式布置(图3-13)

**图3-13　岛式或开敞式布置示意图**

特点:码头布置在离岸较远的深水区,一般为开敞的,不设防波堤。

优点:工程费用省。

适用条件:大宗矿石码头、煤码头、油码头。

3.码头前沿高程

(1)影响因素

潮位、作业要求、后方地形衔接。

(2)高程确定

①有掩护情况:大潮时不被淹没。

②无掩护情况:码头面不被波浪淹没。

4.码头泊位尺度

(1)泊位

一艘设计船型停靠码头时所占用的空间。

(2)描述参数

泊位长度:所占用的码头岸线长度。

泊位宽度:码头前水域宽度。

泊位水深:码头前的水深。

(3)单个泊位长度的确定

泊位长度取决于艏艉缆的系缆长度和角度,因此在船长($L$)外还应有一富裕长度($d$),富裕长度的取值如下:

| $L/m$ | <40 | 41~85 | 86~150 | 151~200 | 201~230 | >230 |
|-------|-----|-------|--------|---------|---------|------|
| $d/m$ | 5 | 8~10 | 12~15 | 18~20 | 22~2 | 30 |

单泊位长度为 $L_b = L + 2d$。

开敞式码头由于受力复杂,缆绳应有足够长度吸收船舶动能,减小系船力,一般长度取值为

$$L_b = (1.4 \sim 1.5)L$$

泊位宽度:2 倍船宽。

# 第4章 航空机场

## 4.1 机场的功能与构成

### 4.1.1 机场的功能

机场是供飞机起飞、着陆、停驻、维护、补充给养及组织飞行保障活动所用的场所。

民用机场的基本功能：为飞机的运行服务，为旅客、货物及邮件的运输服务，其他方面的服务。

机场又称航空站(简称航站)，大型民航运输机场又称为航空港(airport)。

机场、航路和机队构成了民航运输网络。全国的各类机场构成了国家机场系统。

机场是民航运输网络中的节点，是航空运输的起点、终点和经停点，是空中运输和地面运输的转接点。(对空：供飞机起降；对地：供客、货和邮件进出)

### 4.1.2 机场的构成

机场主要由飞行区、地面运输区和候机楼三个部分构成。

飞行区是飞机起飞、着陆和滑行的飞机运行区域，通常还包括用于飞机起降的空域。

地面运输区是车辆和旅客活动的区域，其功能是把机场和附近城市连接起来(通常是通过公路，也包括铁路、地铁、轻轨、水运码头等)。

候机楼是旅客登机的场所，是飞行区和地面运输区的接合部位。

机场还可分为空侧(airside)和陆侧(landside)两部分，候机楼是这两部分的分界处。

机场的设置要求与特点如下：

(1)机场可以在地面上或水面上设置；

(2)机场占地面积大，并要求平坦开阔；

(3)机场应适当远离城市市区(噪声影响与发展)；

(4)机场的设置要考虑周围地势、海拔高度、气象(尤其是风向)、相邻机场距离和方位、附近居民区和工业区状况、陆上客货运输工具进出机场的方便程度等；

(5)机场对净空区域的要求是特有的，是飞机安全和有序起降的基本条件。

## 4.2　机场的分类与等级

### 4.2.1　机场的分类

1.按服务对象分

(1)军用机场

(2)民用机场

(3)军民合用机场

其中,民用机场分为商业运输机场(航空港)、通用航空机场和其他机场(用于科研、生产、教学和运动)。

2.按航线性质分

(1)国际航线机场

(2)国内航线机场

3.按机场所起作用分

(1)枢纽机场

(2)干线机场

(3)支线机场

4.按机场所在城市的性质、地位分

(1)Ⅰ类机场

(2)Ⅱ类机场

(3)Ⅲ类机场

(4)Ⅳ类机场

5.按旅客乘机目的分

(1)始发、终程机场

(2)经停(过境)机场

(3)中转(转机)机场

### 4.2.2　机场的等级

跑道的性能及相应的设施决定了什么等级的飞机可以使用这个机场,机场按这种能力的分类,称为飞行区等级。机场等级划分中最重要的是飞行等级、跑道的性能及相应的设施。

飞行区等级用编码表示,编码由两部分组成:

第一部分是数字,反映飞机性能所相应的跑道性能和障碍物的限制,表示所需要的飞行场地长度(第一要素代码)。

第二部分是字母,反映飞机的尺寸所要求的跑道和滑行道的宽度,表示相应飞机的最大翼展和最大轮距宽度(第二要素代码)。

我国的各国际空港的飞行区等级都是 4E 级,可以满载起降波音 747 客机。

跑道导航设施、航站业务量规模、民航运输机场规划、机场的救援和消防都有不同的等级。

# 4.3　机场跑道

## 4.3.1　跑道的基本参数

1. 跑道的基本尺寸

跑道的基本尺寸指跑道的长度、宽度和坡度。

(1)跑道的长度

跑道的长度是机场的关键参数,是机场规模的重要标志,它直接与飞机起降安全有关。首都机场现在有两条跑道,东跑道长 3 800 m,西跑道长 3 200 m。

①起飞长度要求。起飞长度要考虑正常起飞、继续起飞和中断起飞。

②着陆长度要求。当飞机以要求的速度,从高于着陆表面 50 ft(15.2 m)处通过跑道入口到接地并完全停止所需水平距离称为停止距离($SD$)。

着陆距离 $LD = SD/0.6$。

为安全起见,要求将 $LD$ 铺砌为全强度道面。

③飞行场地长度。

实际跑道全强度道面长度

$$FS = \max(TOR, TOR', LD)$$

飞机起降所要求的飞行场地长度

$$FL = \max(TOD, ASD, LD)$$

飞行场地由全强度道面 FS、停止道 SWY 和净空道 CWY 三部分组成。

④跑道长度的修正。包括海拔修正、气温修正和坡度修正。

(2)跑道的宽度和坡度

跑道的宽度取决于飞机的翼展和主起落架的轮距,一般不超过 60 m。

为了保证飞机起飞、着陆和滑跑的安全,应尽量避免沿跑道的纵向坡度及坡度的变化。

在有些情况下,可以有3°以下的坡度。

跑道横向应有坡度,且尽量采用双面坡,以便加速道面的排水。横坡坡度不小于0.01,但也不能大于0.015(基准代字为C、D)或0.02(基准代字为A、B),以利于飞机滑跑安全。

2. 跑道的方向、跑道号和跑道的数量

跑道的方位即跑道的走向。飞机最好是逆风起降,而且过大的侧风将妨碍飞机起降。因此,跑道的方位应尽量与当地常年主导风向一致。

跑道方位以跑道磁方向角度表示,由北顺时针转动为正。

跑道号按照跑道中心线的磁方向以10°为单位,四舍五入用两位数表示。

跑道的数量主要取决于航空运输量。运输不很繁忙,且常年风向相对集中的机场,只需单条跑道;运输非常繁忙的机场,则需要两条或多条跑道。

3. 跑道道面的平整度、粗糙度和强度

跑道的道面需要具有良好的平整度,使飞机在高速滑跑时不产生颠簸,否则乘客将感觉不舒服,且妨碍驾驶员对飞机的操纵,还会造成雨后积水,引起飞机"飘滑"。

跑道道面还应具有良好的摩擦特性,以便保证飞机滑跑时的稳定性、着陆滑跑和中断起飞时飞机的减速以及飞机接地时机轮的正常转动。

跑道道面分为刚性和柔性道面。

刚性道面由混凝土筑成,能把飞机的载荷承担在较大面积上,承载能力强,一般中型以上空港都使用刚性道面。

柔性道面有草坪、碎石、沥青等各类道面,这类道面只能抗压不能抗弯,因而承载能力小,只能用于中小型飞机起降的机场。

高级道面一般由面层、基层、垫层等结构和压实土基组成。

跑道道面强度设计要考虑三方面的因素:运行荷载、运行次数和覆盖次数。

道面要有足够强度和刚度,以承受飞机运行的荷载,否则道面会因产生过大的应力和变形而受到损坏。

## 4.3.2 跑道的布置形式

跑道的布置形式由单条跑道、平行跑道、交叉跑道和开口V形跑道等基本构形组成。

## 4.3.3 跑道的附属区域

1. 跑道道肩

在紧靠跑道两侧对称地设置道肩。其作用在于保护道面边缘。

跑道道肩一般每侧宽度为1.5 m,道肩的路面要有足够强度,以备在出现事故时,使飞机不致遭受结构性损坏。

2. 跑道安全带

跑道安全带的作用是在跑道的四周划出一定的区域来保障飞机在意外情况下冲出跑道时的安全,分为侧安全带和道端安全带。

3. 净空道

指跑道端之外的地面和向上延伸的空域。它的宽度为150 m,在跑道中心延长线两侧对称分布,在这个区域内除了有跑道灯之外不能有任何障碍物,可以是地面或水面。

净空道的作用在于飞机可在其上空进行一部分起始爬升,并达到安全高度(10.67 m)。

# 4.4　机场其他区域

## 4.4.1　机场的滑行道

滑行道是机场内供飞机滑行的规定通道。

滑行道的主要功能:

(1)使已着陆的飞机迅速离开跑道,不与起飞滑跑的飞机相干扰,并尽量避免延误随即到来的飞机着陆;

(2)滑行道可将性质不同的各功能分区(飞行区、候机楼区、飞机停放区、维修区及供应区)连接起来,使机场最大限度地发挥其容量潜力并提高运行效率。

滑行道系统主要包括:主滑行道、进出滑行道、飞机机位滑行通道、机坪滑行道、辅助滑行道、滑行道道肩及滑行带。

主滑行道又称干线滑行道,是飞机往返于跑道与机坪的主要通道,通常与跑道平行。

进出(进口或出口)滑行道又称联络滑行道(俗称联络道),是沿跑道的若干处设计的滑行道,旨在使着陆飞机尽快脱离跑道。出口滑行道大多与跑道正交,快速出口滑行道与跑道的夹角介于25°与45°之间,最好取30°。

滑行道的宽度由使用机场最大的飞机的轮距宽度决定(比跑道宽度要小)。在滑行道转弯处,它的宽度要根据飞机的性能适当加宽。

## 4.4.2　机场的净空区

机场净空区是机场附近沿起降航线一定范围内的空域不能有地面的障碍物来妨碍导航和飞行区域。

净空要求即在跑道两端和两侧上空为飞机起飞爬升、降落下滑和目视盘旋需要所规定的空域提出要求,保证在飞机的起飞和降落的低高度飞行时不能有地面的障碍物来妨碍导航和飞行。

机场条件的破坏通常是由超高障碍物引起的,空中飘浮物或烟雾、粉尘也会引起。

必须规定一些假想的平面或斜面作为净空障碍物限制面(即净空面),用以限制机场周围地形及人工构筑物的高度。机场净空区的地面区域称为基本区面,在跑道周围 60 m 的地面上空由障碍物限制面构成。

凡超过假想面之上的部分应除去或移走,以便达到净空标准。空中的其他飞行物(飞鸟、风筝等)也不得妨碍飞机的正常运行。

对机场周围的一定范围内,还必须提出电磁环境的净空要求。

## 4.4.3　机场的停机坪

1. 停机坪种类

停机坪,是指在陆地机场上划定的一块供飞机上下旅客、装卸货物和邮件、加油、停放或维修之用的场地。

停机坪的面积要足够大,以保证进行上述活动的车辆和人员的行动。机坪上用漆标出运行线,使飞机按照一定线路进出滑行道。

停机坪包括站坪、维修机坪、隔离机坪、等候机位机坪、等待起飞机坪等。停机坪上设有供飞机停放的划定位置,即机位。

候机楼空侧所设停机坪称作站坪(或称登机停机坪),可供飞机滑行、停驻机位、停靠门位以便上下旅客、行李和货邮及加油。站坪包括客机坪和货机坪。

停机坪(特别是客货机坪)供飞机长时间停放、满载滑进滑出,其受载条件与跑道端部相近,因此其厚度亦应与跑道端部相等。

2. 登机机坪

登机机坪是指旅客从候机楼上机时飞机停放的机坪,这个机坪要求能使旅客尽量减少步行上飞机的距离。

(1)登机机坪的布局形式

客机坪的平面布局受以下因素的影响:机位的数目、机位尺寸、旅客登机方式、候机楼布局、飞机地面服务要求等。

(2)停机位置的设施

除远距离登机坪外,在登机的停机位置都需要一定的设施帮助驾驶员把飞机停放在准确的位置,让登机桥能和机门连接。

登机桥是一个活动的走廊,它是可以伸缩的,并且由液压机构调整高度,以适应不同的机型。当飞机停稳后,登机桥和机门相连,旅客就可以通过登机桥直接由候机楼进出飞机。

在停机位置处,侧面有侧标志板,画有各种机型的停机指示线,当驾驶员左肩对准所驾驶机型的指示线时,飞机机门的位置就对准了登机桥。

停机对准系统在远处机坪停放的飞机,有专门的停机坪调度员引导飞机进入正确的停机位置。

# 4.5 飞行区的设施

进近和着陆阶段是飞行事故发生最多的阶段,因此需要航站导航设施、航空地面灯光系统和跑道标志组成一个完整系统作为机场的一个重要组成部分,以保证飞机的安全着陆。

## 4.5.1 航站导航设施

航站导航设施也称为终端导航设施,它的目的是引导到达机场附近的飞机安全、准确地进近和着陆。

航站导航设备分为非精密进近设备和精密进近设备。

非精密进近设备通常是指装置在机场的 VOR—DME 台(甚高频全向信标测距仪)、NDB(无方向信标)台及机场监视雷达,作为导航系统的一部分,它们把飞机引导至跑道平面,但不能提供在高度方向上的引导。

精密进近设备则能给出准确的水平引导和垂直引导,使飞机穿过云层,在较低的能见度和云底高下,准确地降落在跑道上。

目前使用最广泛的精密进近系统是仪表着陆系统。还有部分使用的精密进近雷达系统以及正在发展并将最终取代仪表着陆系统的卫星导航着陆系统。

1. 仪表着陆系统(ILS)

仪表着陆系统作为国际民航组织推荐的飞机标准进近和着陆设备,它能在气象恶劣和能见度差的条件下,给驾驶员提供引导信息,保证飞机安全进近和着陆,因此 ILS 在世界上被普遍使用。

仪表着陆系统的地面系统由航向台(Localizer)、下滑台(Glideslope)和指点信标三个部分组成。

飞机上的系统是由无线电接收机和仪表组成,它的任务是给驾驶员指示出跑道中心线并给出按照规定的坡度降落到跑道上的航路。

(1)航向台

航向台是一个甚高频发射台,位于跑道中心线的延长线上,通常距跑道端 300~500 m。航向台提供了飞机下降时的水平导航(航向导航)。

（2）下滑台

下滑台在跑道一侧 152.4 m,离跑道的进近端 304.8 m,它使用的频率在 325～329 MHz 之间,和航向台的波束相似。下滑台向飞机提供垂直导航。

（3）指点信标

为了使驾驶员在降落时准确知道飞机所在位置,仪表着陆系统一般设置三个指点信标,使用 75 MHz 电波,每个信标信号有自己的编码。

仪表着陆系统按着陆的最小能见度分为三类:

Ⅰ类仪表着陆系统,它可以在跑道目视视程为 800 m 以上,决断高度在 60 m 以上时使用。

Ⅱ类仪表着陆系统可在跑道视程为 360 m、决断高度为 30 m 以上的情况使用。

Ⅲ类仪表着陆系统没有决断高度限制,但是根据跑道目视视程不同又分为三个类别,Ⅲa 类对应视程为 200 m,Ⅲb 类为 50 m,Ⅲc 类则可在视程为 0 的情况下使用。

2. 精密进近雷达系统（PAR）

精密进近雷达系统由发射器、显示器和两个天线组成。一般装在可移动的车辆上,一个天线水平扫描,确定飞机相对跑道的横向位置;一个天线垂直扫描显示飞机的飞行高度,这两个信号同时出现在管制员的显示屏上,管制员根据显示出的航道向驾驶员发出指令或建议,引导飞机安全着陆。

精密进近雷达系统是军用导航的首选,在偏远地区或紧急情况(如出现地震、突然事件等)时,民航中也使用 。

3. 微波着陆系统（MLS）

微波着陆系统使用 5 031～5 091 MHz 的频段,这是超高频(UHF)波段,不易受干扰,而且频道数目为 ILS 的 5 倍。

微波着陆系统以和仪表着陆系统相似的方法实现飞机着陆导航任务,且 MLS 优于 ILS。

由于卫星导航技术的迅速发展及其优越性,国际民航组织不再积极推荐微波着陆系统,因而它只能在民航中得到有限的应用。

## 4.5.2　航空地面灯光系统

1. 跑道灯光

跑道侧灯沿跑道两侧成排安装,为白色灯光。当离跑道端 600 m 的距离时,透镜的颜色变为一面为红色、一面为白色,红色灯光提醒驾驶员已经接近跑道端。

跑道端灯的情况与跑道侧灯相同,但是使用一面红、一面绿的透镜,红色朝向跑道,绿色向外,驾驶员着陆时看到近处的跑道端是绿色灯光,远处的跑道端是红色灯光。

跑道中心灯沿跑道中心安置,间隔为 22 m,跑道中间部分为白色,在距跑道端300 m之内,灯光为红色,提醒驾驶员跑道即将终结。

接地区灯从跑道端开始在跑道上延伸 750 m,白色灯光,嵌入地面,使驾驶员注意这是着陆的关键地区,飞机应该在此区域内接地。

为帮助驾驶员找到跑道出口,在滑行道的出口有滑行道灯,使用绿色灯光,间隔为 15 m。滑行道的中心灯为绿色,边灯为蓝色。

2.仪表进近灯光

飞机在进近的最后阶段,一般都要由仪表飞行转为目视飞行。这时驾驶员处于高负荷的工作状态,对于夜航的驾驶员,使用进近灯光来确定距离和坡度,从而做出判断。

进近灯光根据仪表着陆的等级或非仪表着陆有着不同的布局,非仪表着陆的进近灯安装在跑道中线的延长线上,长度至少为 420 m,间距为 30 m,为白色灯光。

# 4.6　地面运输区

地面运输区包括两个部分:空港进入通道、空港停车场和内部道路。

1.空港进入通道

空港是城市的交通中心之一,而且有严格的时间要求,因而从城市进出空港的通道是城市规划的一个重要部分。

空港进入通道的功能是把机场和附近城市连接起来,将旅客和货邮及时运进或运出空港。

2.空港停车场和内部道路

(1)空港停车场

除考虑乘机的旅客外还要考虑接送旅客的人、空港工作人员的车辆、观光者和出租车量的需求,因此空港的停车场必须有足够大的面积。

(2)空港内部道路系统

空港内部道路包括候机楼下客区、停车场和旅客离开候机楼的通道(公共车辆、出租车、其他车辆的载客区和出入通道)。

# 第5章 铁路场站

## 5.1 会让站、越行站、中间站

### 5.1.1 会让站

1. 会让站的作业和设备

会让站为设置在单线铁路上，主要办理列车的到发、会车、让车的车站，仅办理少量的客货运业务。应铺设到发线并设置通信、信号设备及旅客乘降、办公房屋等设备。

2. 会让站布置图

（1）横列式会让站

①优点：站坪长度短，工程费少，在紧迫导线地段可缩短线路；车站值班员对两端咽喉有较好的瞭望条件，便于管理；无中部咽喉，减少扳道人员；到发线使用灵活，站场布置紧凑。

②缺点：横列式会让站如设一条到发线时，到发线要设在站房对侧。

③适用范围：一般情况下，会让站应采用横列式布置。

④到发线的设置：应根据整个区段的情况考虑设置的到发线数目，不同数目到发线的车站图形布置各有特色，应符合保证作业人员安全、保证列车运行的要求、方便作业、远期发展要求、工程投资等原则。

a. 会让站的到发线一般应设两条，当列车对数较少时，可设一条。

b. 设置一条到发线的会让站连续布置不应超过两个。

c. 横列式会让站设两条到发线时，以两条到发线分设正线两侧布置为宜。

（2）纵列式会让站

①特点：纵列式会让站布置图的特点是两到发线纵向排列，并向逆运转方向错移一个货物列车到发线的有效长度。

②优点：在山区地形陡峻狭窄的情况下，可以减少工程量；便于车站值班员与司机交接行车凭证。

③缺点：需要较长的站坪，工程费多；车长与值班员联系时，走行距离长；列车在站会车不灵活，特别是在三交会的情况下，有时造成客车不能停靠基本站台，先到的列车不能先

开,应通过的列车不能通过等情况,增加列车的停站时间;在人工扳道非集中联锁的情况下,车站值班员瞭望信号不便,确认进路困难,道岔分设在三处,增加车站定员,运营管理不便。

④适用范围:重载列车会车的需要。

## 5.1.2　越行站

1.越行站的作业和设备

越行站设置在双线铁路上,主要办理同方向列车的越行,必要时办理反方向列车的转线,也办理少量客、货运业务。

2.越行站布置图

一般应采用横列式布置。

3.到发线设置

越行站一般应设两条到发线,以便双方向列车都有同时待避的机会。

(1)横列式越行站设一条到发线时,到发线一般应设于两正线中间。

(2)横列式越行站设两条到发线时,两条到发线一般分设于正线两侧。

4.站台设置

越行站的行车作业是按上、下行分开运行的,为保证上、下行旅客列车和零摘列车分别停靠站台,应设置中间站台。越行站的中间站台一般应设在站房对侧的正线和到发线之间。

## 5.1.3　中间站

1.中间站的作业

(1)列车的通过、会让和越行。

(2)旅客乘降和行李、包裹的收发与保管。

(3)货物的承运、装卸、保管与交付。

(4)沿零摘挂列车向货场甩挂车辆的调车作业。

2.中间站的设备

(1)列车到发线和货物装卸线,必要时还应设有调车用的牵出线和安全线。

(2)为旅客服务的站房、站台、站台间的跨越设备(天桥、地道或平过道)和雨棚等。

(3)为货运服务的货物堆放场、货物站台、仓库、雨棚、装卸设备及货运办公房屋等。

(4)信号及通信设备。

(5)个别车站为机车整备、转向、给水作业而设置的有关设备等。

（6）必要时还设有存车线和调车线。

3. 中间站布置图

中间站布置图一般都采用横列式布置图。

4. 中间站的货场位置

应根据货源、货流方向、环境保护、城市规划、当地地形、地质条件、有无工业企业线或支线引入、地方交通系统及既有设备利用等因素予以选定。为便于调车作业，货场应尽量设在到发线顺运转方向的前端。

在有矿建、煤等大宗散堆货物或其他季节性货物装卸并经常组织整列或成组列车到发的车站上，应考虑在站房对侧布置连通两端咽喉区的长货物线。

5. 中间站的到发线数量

中间站的到发线数量不仅与列车对数有关，而且与车站性质和本站作业量也有密切关系。单线铁路中间站应设两条到发线，以使车站具有三交会的条件，从而保持良好的运行秩序，提高作业效率和加速车辆周转。双线铁路中间站应设两条到发线，以使双方向列车有同时待避的机会；但作业量大的车站，摘挂列车的作业时间一般较长，可采用三条。

# 5.2　区段站

## 5.2.1　区段站作业及设备

1. 区段站的作业

（1）客运业务

（2）货运业务

（3）运转作业

①与旅客列车有关的运转作业。

②与货物列车有关的运转作业。

（4）机车业务

（5）车辆业务

区段站所办理的作业，无论从数量上或种类上，都远较中间站复杂。在所办理的各类列车中，又以无改编中转列车所占比重为最大，成为区段站行车组织工作的重要环节。

2. 区段站的设备

（1）客运业务设备

主要有旅客站房、旅客站台、雨棚及跨越线路设备等。

（2）货运业务设备

主要指货场及其有关设备,如装卸线、存车线、货物站台、仓库、雨棚、堆放场及装卸机械等。

（3）运转设备

①供旅客列车使用的运转设备

主要有旅客列车到发线,必要时设客车车底停留线。

②供货物列车使用的运转设备

主要有货物列车到发线、调车线、牵出线(有时设小能力驼峰)、机车走行线及机待线等。

（4）机务设备

在机务段(或机务折返段)所在的区段站上,如采用循环交路,在到发场或其附近,设有机车整备设备。当采用长交路轮乘制时,可设机车运用段或机务换乘点。

（5）车辆设备

主要指列车检修所(简称列检所)、站修所。在规模较大的区段站上还设有车辆段。

除上述各项设备外,还有信号、通信、给水、排水、电力、照明、技术办公房屋以及城镇道路的平(立)交设备等。

## 5.2.2　区段站主要设备的相互位置及相互联系

1. 客运业务设备及客运运转设备的配置

所有客运设备应设于靠城镇的一侧,以利客运业务的组织及旅客出入车站。旅客列车到发线要靠近站房并直接连通正线,其一端应接通机务段,以便必要时更换机车;另一端与牵出线要有直接通路,以便利调车机车自牵出线往到发线摘挂客车车辆。到发线与旅客站房之间要留有适当距离,以便将来发展。

到发线与旅客站台的合理布置形式的选择,主要需考虑正线布置要顺直;客、货列车能便捷到发,站内交叉少;旅客跨越线路少,横越线路设备建筑费用小;便于货场设置、支线引入及工业企业线接轨;便于线路保养维修以及便于进一步发展。

2. 货运运转设备的配置

货物列车到发线设在与旅客列车到发线相对应的正线的另一侧并与正线接通,使列车到发有顺直及便捷的进路。

由于到站改编的区段列车和摘挂列车要从到发场经由牵出线在调车场内进行解体,自站编组的区段列车和摘挂列车要进行编组并经由牵出线送往到发场发车,因此调车场应尽量靠近到发场。

调车场与两端的牵出线(有时设有小能力驼峰)组成整套调车设备。

随着运量的增长,需对区段站货物运转设备进行扩建和改建,在货物运转设备的配置上应考虑未来发展的可能。

3.机务设备的配置

新建机务段的位置,应根据车站及机务段性质、作业要求、机务段的规模、车站布置图形、远期发展和城镇规划等条件,结合地形、地质、水文、主要风向和便于排水等因素确定。

区段站机务设备的设置位置与机车在区段站进行的作业密切相关。机务段应靠近到发场,并且要有便捷的通路,以利机车及时出入段。另外,应保证在咽喉区有足够的平行进路,以使列车到发、机车出入段以及调车作业可以同时进行。

新建横列式区段站首先应考虑机务段设于站房对侧右端(简称站对右——第Ⅲ方案)的位置,其次是站房对侧左端(简称站对左——第Ⅳ方案)的位置。对远期没有多大发展的区段站,必要时也可考虑设在调车场外侧与调车场并列(简称站对并——第Ⅴ方案)的方案。机务段设在站房同侧左端(简称站同左——第Ⅰ方案)及右端(简称站同右——第Ⅱ方案),缺点较多,一般不采用。

采用循环交路时,机务段所在站的到发线上要办理一部分整备作业。为保证列车机车不摘钩,可将整备设备设在到发线上,在困难条件下,也应设在机车停车地点附近,力求机车往返行程及交叉干扰少,以保证在规定的停站时间内顺利完成整备作业。

新建区段站上设有内燃机务段时,如采用肩回交路,在机务段所在站上,全部机务设备均设在段内,机务段在车站上的配置方案与前述各方案相同。在机务折返段所在站上,如机车不需要转向,而气候条件又适合在露天进行整备作业时,在横列式区段站上,折返段也可考虑设在到发场近旁,以减少机车走行距离及咽喉区的进路交叉;在纵列式区段站上,折返段也可考虑设在中部咽喉区附近。如采用循环交路,无论机务段或机务折返段所在的车站上,主要整备设备都可考虑设在到发线上或设在上、下行到发场之间,或设于咽喉区附近。

在电力牵引的区段站上,其机务设备在区段站内的配置方案,与内燃牵引的情况基本相似。由于不需要设燃料供应设备,故更便于将全部整备设备布置在到发线范围内。

4.货运业务设备(即货场)的配置

(1)货场设置原则

①尽量靠近主要货源货流一侧,便于货主取送。

②车辆取送便利,行程短,交叉少。

③均衡两端咽喉作业负担。

④留有车站发展和货场发展的余地。

(2)货场设置方案

①站房同侧(方案Ⅰ、Ⅱ)。

②站房对侧(方案Ⅲ、Ⅳ)。

5.车辆设备

（1）列车检修所。一般设在到发场一侧,靠近运转室,在区段站上往往设在站房附近。

（2）站修所。设在调车场最外侧远期发展的范围以外。

（3）车辆段。车辆段设置位置应便于检修车辆的取送,靠近调车场但不妨碍调车场扩建及车辆段本身的发展。

### 5.2.3　区段站布置图

区段站布置图形表示出车站各项设备的总体布局。图形选择是否合理对铁路运营、工程投资、城镇规划和工农业的发展都有很大的影响。

区段站的布置图形,主要根据与车站通过能力直接有关设备(正线、旅客列车到发线(场)及上、下行货物列车到发线(场))的相互位置来确定。

1.横列式区段站布置图

（1）单线铁路横列式区段站布置图(图5–1)

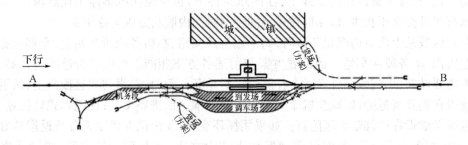

图5–1　单线铁路横列式区段站布置图

上、下行货物列车到发线共用一个到发场,调车场设于到发场外侧,在车站B端主要牵出线上预留了小能力驼峰及驼峰迁回线的位置。

车站咽喉可以保证客、货列车的到发,本务机车的出入段,改编货物列车的解体和编组,本站和段修作业车辆的取送以及必要时由调车扬直接向区间发车等作业进路。

全部到发线均为双进路,线路按作业要求进行适当分组。靠近正线的线路,应尽可能用来接发无改编中转列车;靠近调车场的线路,则主要作为接发改编列车之用。这样,可以在办理中转货物列车到发作业的同时,进行解编车列的转场作业,以增加两端咽喉的机动性。

当单线铁路行车数量增长,更换机车次数增加时,为减少货物列车到发与机车出入段的交叉,在到发场内应设有机车走行线,为下行货物列车本务机车出入段走行之用。

（2）双线铁路横列式区段站布置图（图 5 - 2）

旅客列车到发线紧靠正线。货物列车到发场 1、2 相互间及其与旅客列车到发线相互间都相对于列车运行方向横列。到发场 1 供下行货物列车使用，到发场 2 供上行货物列车使用。在同一到发场中，中转列车一般使用靠近正线一侧的线路，而改编列车则使用靠近调车场一侧的线路。有的车站将到发场 2 靠调车场一侧的部分线路设置为双进路，用来接发上、下行两个方向的改编列车，以增加设备的机动灵活性，并可减少一部分交叉干扰。

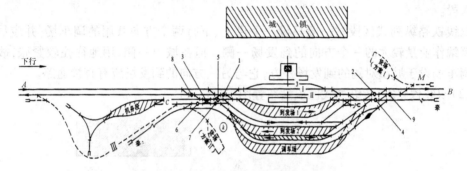

图 5 - 2　双线铁路横列式区段站布置图

调车场位于到发场 2 的外侧，在第 1 牵出线上设有小能力驼峰。货场设在方案Ⅰ或Ⅱ的位置，两者各有所长，可根据当地具体情况进行选择。

机务段位于站对右位置，有两条机车出入段线。站内设一条机车走行线供下行方向列车机车出（入）段走行之用。B 端咽喉设尽头式机待线 J，供下行列车机车出入段时停留及交会之用。

车站需设车辆段时，可设于货场（方案Ⅱ）与调车场之间处。

2. 纵列式区段站布置图

（1）双线铁路纵列式区段站布置图（图 5 - 3）

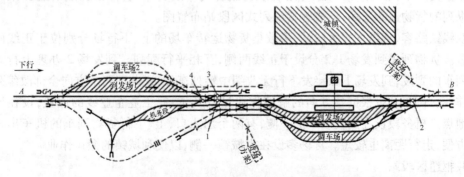

图 5 - 3　双线铁路纵列式区段站布置图

　　上、下行两个方向的到发场1、2分设于正线两侧,并逆行车方向全部错移,形成到发场在正线两侧纵向配置的布局。

　　到发场1供接发下行无改编中转列车用。到发场2除接发上行无改编中转货物列车外,在靠近调车场一侧的线路上,还办理上、下行两个方向的全部改编货物列车的到发作业。在区段站上,改编列车数量不多,下行方向改编列车的机车出入段不设专用的机车走行线,而是利用到发场2的空线走行。到发场1设有机待线J,机车可经由机待线从中部咽喉出入段。

　　双线铁路纵列式区段站一般只设一个供上、下行两个方向共用的调车场,并应尽可能设于解编作业量较大的一个方向的到发场一侧。但在城镇一侧,用地往往较紧张,故一般常将调车场设于城镇对侧的到发场外方,它与另一方向的到发场应有直接通路。

　　(2)双线铁路客、货纵列式区段站布置图(图5-4)

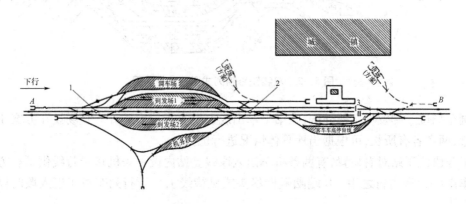

图5-4　双线铁路客、货纵列式区段站布置图

　　由于运量增长或新线引入,既有的横列式区段站横向发展受到限制,或客、货运量大,站内作业交叉干扰严重,故将原有站场改为旅客列车运转车场,并沿正线的适当距离另建与其纵列的货物运转车场,形成客货纵列式区段站布置图。

　　双线铁路客、货纵列式区段站,多数是货物运转车场的上、下行场分别位于正线两侧横列布置。货物列车到发场1、2分设于正线两侧,互相平行配列。到发场2办理上行无改编中转列车的到发;到发场1除接发下行无改编中转列车外,还办理两个方向全部改编列车的到发作业。调车场可根据各方向的解编作业量以及货场、工业企业线的位置,设在比较适宜的地点。机务段设在到发场2的一侧,有两个出入口,上、下行货物列车的机车出入段都比较方便,走行距离也较短。货场多设在靠城镇一侧,以便利城镇的搬运作业。

　　3.枢纽区段站

　　有两条或两条以上的铁路线会合或交叉的区段站,一般有3~4个衔接方向。

其设计特点为：

（1）各主要方向的无改编中转货物列车通过车站时，应尽量不变更运行方向，即尽量减少折角直通车流。

（2）各方向进出站线路均应有独立进路通向到发场，保证能同时接入各方向的列车，即设计灵活的咽喉。

（3）当列车密度较大，进路交叉较多，对列车正常运行有较大影响而平面疏解又有困难时，应在有关的进出站线路上修建跨线桥。

（4）各方向密集到达的可能性大，到发线数量需酌情增加。

## 5.3　编组站

### 5.3.1　编组站的作业

编组站是在铁路网上办理货物列车解体、编组作业，并为此设有比较完善的调车设备的车站。

根据编组站在路网和枢纽内的作用和所承担的任务以及其作业对象，编组站主要办理以下几项作业：

1. 改编中转货物列车作业

包括解体列车的到达作业、解体作业；始发列车的集结、编组作业和出发作业。

2. 无改编中转货物列车作业

主要是换挂机车和列车技术检查作业。

3. 部分改编中转货物列车作业

部分改编中转货物列车除进行无改编中转货物列车的作业外，还要变更列车质量、变更列车运行方向或进行成组甩挂等少量调车作业。

4. 本站作业车的作业

本站作业是指到达本枢纽或本站货场及工业企业线进行货物装卸或倒装的车辆，其作业过程较有调中转车增加了送车、装卸和取送车等内容，其中重点是取送车。

5. 机务作业

包括机车出段、入段、段内整备及检修作业。

6. 车辆检修作业

（1）列车技术检查及不摘车的经常维修，轴箱及制动装置的经常保养。

（2）摘车的经常维修。

（3）货车的段修等三类。

7.其他作业

(1)客运作业:旅客乘降及换乘。

(2)货运作业:包括货物装卸、换装,保温车加冰加盐,牲畜车上水、除粪便,鱼苗车换水等。

(3)军运列车供应作业。

## 5.3.2　编组站的设备

1.调车设备

编组站的核心设备,包括调车驼峰、调车场(线)、牵出线、调车机车等几部分。

2.行车设备

接发货物列车的到发线。

3.机务设备

编组站一般均设机务段,而且规模较大,双向编组站可考虑增设第二套整备设备。

4.车辆设备

指供到发的车辆进行检查和修理的设备,有列检所、站修所、车辆段。

5.货运设备

(1)整倒装设备。

(2)加冰设备。

(3)牲畜、鱼苗车的上水换水设备。

(4)货场。

兼办货运业务的编组站需设置货场,需要办理零担中转作业的编组站还应设置零担中转货场。

6.其他设备

(1)客运设备。

(2)站内外连接线路设备。进、出站线路、站内联络线和机车走行线等。

此外,车站还配有信号、联锁、闭塞、通信、照明等设备。

## 5.3.3　编组站与区段站的区别

编组站和区段站在作业的数量和性质以及设备的种类和规模上均有明显区别。区段站以处理无改编中转货物列车为主,办理少量区段、摘挂列车的改编作业。而编组站以处理改编中转货物列车为主,编解包括小运转列车的各种货物列车,负责路网上和枢纽中车流的组织,同时还供应列车动力,对机车进行整备和检修,使其性能良好地投入运营,并对车辆进行日常维修和定期检修,作业数量和设备规模均较大。

## 5.3.4 编组站布置类型

1."向"指调车系统

单向:上、下行改编车流共用一套调车设备。

双向:两套调车设备分别承担上、下行改编车流解编作业。

2."级"指在车站一个调车系统内纵向排列的车场数

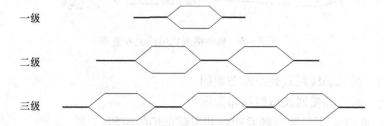

3."场"指全站主要车场的总数

4."式"指车场互相排列的形式

横列式:上、下行到发场与调车场并列配置。

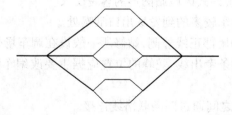

纵列式:主要车场顺序排列。

混合式:部分主要车场纵列,另一部分车场横列。

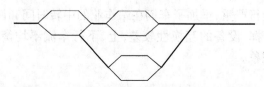

### 5.3.5　编组站布置图

1. 单向横列式编组站布置图(图 5 – 5)

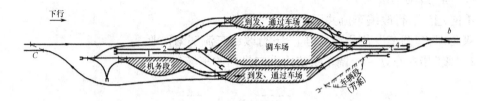

**图 5 – 5　单向横列式编组站布置图**

(1)单向一级二场横列式编组站布置图

(2)单向一级三场横列式编组站布置图

①基本特征:上、下行到发场并列在共用调车场的两侧。

②设备布置特点

a. 两到发场分设在调车场两侧,三场横列,避免列车到发与车列牵出或转线所造成的交叉。

b. 正线外包,消除了横列式区段站图形的客货交叉。

c. 机务段设在接发列车较多的到发场出口咽喉处。

d. 车辆段设在调车场尾部正线外侧,站修所一般设在调车场外侧的线路上。

e. 调车场头尾各设两条牵出线,驼峰的位置应据主要改编车流方向、地形、风向以及进一步发展条件确定。

f. 两到发场与调车场之间通过四条联络线连接。

g. 上、下行通过车场设在到发场外侧。

③优缺点分析

优点:站坪长度短、工程费用少、车场较少、管理方便、作业灵活。

缺点:

a. 牵出困难,降低了改编能力。

b. 改编车流折返走行严重,增加了车辆在站作业的中转时间和调机行程。

c. 能力不能充分发挥,设备的互换性较差,上、下行车流不均衡时,两侧的调机和牵出线会出现忙闲不均的现象。

d. 改编能力较低。

④适用范围。双方向改编车流较均衡,解编作业量不大或地形条件困难,远期又无大

发展的中、小型编组站,也可作为其他大中型编组站的过渡图形。

2. 单向混合式编组站布置图

(1)单向二级四场混合式编组站布置图(图 5-6)

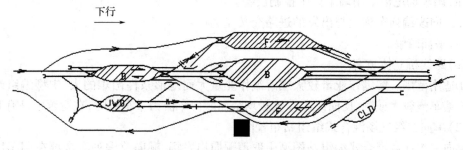

图 5-6　单向二级四场混合式编组站布置图

①基本特征:各衔接方向的共用到达场和调车场纵列配置,而上、下行出发场并列设在调车场的两侧。

②设备布置特点

a. 共用到达场与调车场纵列配置,减少了车列解体时的牵出作业。

b. 上、下行通过车场分别设在两个出发场的外侧。

c. 机务段一般设在到达场旁边、反驼峰方向一侧。

d. 车辆段设在调车场尾部适当地点。

e. 在到达场与调车场之间,设有中小能力驼峰,一般实行双推单溜作业方式。调车场尾部设 2 条牵出线,通常配备 2 台调机。

③优缺点分析

优点:

a. 避免了到解列车牵引定数较大时整列牵出的困难。

b. 改编列车和调机的作业行程均较短,列车解体作业时分较短,驼峰作业效率较高,解体能力与纵列式基本相同。

c. 站坪长度较纵列式短。

缺点:

a. 调车场尾部能力较低,头尾能力不协调

(a)部分调车场线路直接发车。

(b)调车场尾部设置小能力驼峰。

(c)将尾部牵出线与出发场间联络线在出发场前面一段设计成下坡。

(d)增加尾部调车机台数和牵出线数量。

(e)出发场后移。

(f)调车场尾部采用"燕尾式"布置。

(g)调车场尾部咽喉区采用对称道岔、线束布置。

(h)调车场尾部采用调车集中控制设备。

b.反向改编列车到达与出发的进路交叉

(a)平面疏解。

(b)跨线桥立体疏解。

④适用范围。解编作业量较大或解编作业量大而地形条件困难的大、中型编组站。当顺向改编车流较大或顺、反向改编车流较均衡而顺向车流为重车流时,在运营上是有利的。

(2)单向二级三场混合式编组站布置图

单向二级四场混合式编组站图型中取消顺向出发场,顺向改编列车全部在调车场内供车流集结、编组又兼发车的编发线上出发,便形成单向二级三场混合式编组站布置图,顺向改编列车全部在编发线上发车,减轻了尾部牵出线的负担,相应地提高了尾部编组能力,克服了二级四场编组站布置图调车场头尾能力不协调的缺陷。

3.单向纵列式编组站布置图——三级三场(图5-7)

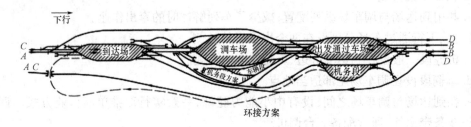

图5-7　单向纵列式编组站布置图

(1)设备布置特点

①各衔接方向共用的到达场、调车场、出发场依次纵列配置。

②通过车场一般设在出发场外侧。

③机务段设在出发场附近反向通过车场的外侧。设置峰下跨线桥,顺向到达机车可通过峰下机走线入段。

④车辆段布置在调车场旁侧,便利取送。

⑤正线外包,到发进路立交疏解。

(2)优点

①各方向到达改编的列车在站内的解体、集结、编组、出发过程都是"流水式"作业。

②能力较大。

③同类车场集中布置且仅设一套调车设备,有利于实现编组站现代化。

(3)缺点

①反向改编列车走行里程较长。

②车站站坪长度较长。

③站内采用跨线桥立体疏解布置,不利于向双向编组站布置图发展。

(4)适用范围

顺驼峰方向改编车流较强,解编作业量大(6 500~8 000 辆/日),衔接方向较多,要求车站具有较大的机动灵活性,而且地形条件允许采用6~8 km站坪或近期运量虽然不大,但远期又有较大发展的大型编组站。

4.双向三级六场纵列式编组站布置图(图5-8)

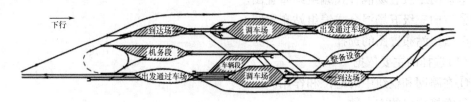

图5-8 双向三级六场纵列式编组站布置图

(1)设备布置特点

①上、下行各有一套独立的调车作业系统,驼峰方向相对,车场配置均按到达场、调车场、出发场顺序排列。

②两套调车系统间设置场间联络线处理交换车流。

③上、下行通过车场分别设置在各该系统出发场外侧。

④机务段设在两套调车系统之间。

⑤车辆段设在两系统之间靠近空车方向的调车场尾部。

(2)优点

①反向改编车流无多余折返走行,可节省运营费。

②能力较大。解编14 000~16 000 辆/日,有子场18 000~22 000 辆/日。

③有较大的储备能力。

④当编组站衔接方向较多时,有利于减少进出站线路布置和疏解的复杂性。

(3)缺点

①两个调车系统间交换折角车流的走行距离长,重复作业较多。

②占地面积长而宽(8~10 km)、车站定员多、工程费用高。

③两系统间相互协作困难。

(4)适用范围

①衔接方向较多,解编作业量较大(其他图型无法承担)。

②上、下行改编车流量比较均衡,而折角改编车流量比重不大于15%。

③地形条件允许。

④路网性编组站。

5.双向混合式编组站布置图

双向混合式编组站布置图是指两个调车系统的车场数目和相互位置不同而组成的图形。由于车场排列方案很多,所以布置图多种多样。

①双向二级六场混合式编组站布置图。

②双向二级四场混合式编组站布置图。

③双向二级五场混合式编组站布置图。

④双向三级五场混合式编组站布置图。

6.编组站布置图的选择

(1)选择的主要依据

①在路网和枢纽中的地位和作用。

②衔接线路的方向数。

③按路网规划编组站分工所承担的作业量和作业性质。

④工程地质条件。

⑤所在城市的经济地位和发展规划。

⑥编组站的作业特点以及原有设备可以利用的程度。

(2)单向或双向调车系统的选择

(3)各车场配列形式的选择

## 5.3.6　调车驼峰

1.驼峰的组成

驼峰指峰前到达场(不设峰前到达场时为牵出线)与调车场头部之间的部分线段。如图5-9所示。

(1)推送部分

指经由驼峰解体的车列,其第一钩位于峰顶平台始端时,车列全长所在的线路范围。其中,由到达场出口咽喉的最外警冲标到峰顶平台始端的线段叫推送线。设置这一部分的目的是为了使车辆得到必要的高度,并使车钩压紧,以便摘钩。

（2）溜放部分

指由峰顶（峰顶平台与溜放部分的变坡点）到计算点的线路范围。驼峰调车场的调速制式不同，计算点的位置也不同。

（3）峰顶平台

指驼峰推送部分与溜放部分的连接部分，设有一段平坡地段。

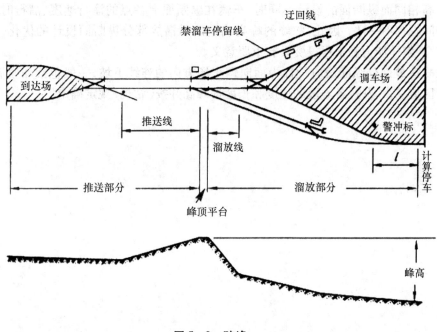

图 5-9　驼峰

### 2. 驼峰设计

（1）驼峰调车场头部平面设计

驼峰调车场头部平面是计算峰高和设计驼峰纵断面的依据，其设计质量对调车作业的效率、安全和工程投资都有直接影响。调车场头部平面设计要求如下：

①尽量缩短自峰顶至各条调车线计算点的距离；

②各条调车线自峰顶至计算点的距离及总阻力相差不大；

③满足正确布置制动位的要求，尽量减少车辆减速器的数量；

④使各溜放钩车共同走行径路最短，以便各钩车迅速分散；

⑤不铺设多余的道岔、插入短轨及反向曲线，以免增加阻力；

⑤使道岔、车辆减速器的铺设以及各部分的线间距等均符合安全条件。

（2）驼峰高度计算

驼峰的高度是指峰顶与难行线计算点之间的高差。驼峰峰高应保证在溜车不利条件下以 5 km/h 的推送速度解体车列时，难行车能溜至难行线的计算点。

减速器＋减速顶点连式驼峰的高度，应保证以 5 km/h 的推送速度解体车列时，在不利的溜放条件下，难行车溜到打靶区段末端仍有 5 km/h 的速度进入减速顶的控制区。

（3）驼峰纵断面设计

峰高相同而纵断面的设计不同时，车辆在纵断面上各点的溜行速度、溜行时间和前后钩车的间隔都不一样。因此，驼峰的峰高确定以后溜放部分纵断面设计的优化，对驼峰作业的安全、解体能力和工程投资具有重要意义。

驼峰溜放部分纵断面应设计为面向调车场方向的连续下坡，一般包括加速坡、中间坡和道岔区坡三个坡段，各坡段的坡度和长度据峰高并按《站规》规定确定。

# 第6章 汽车停车场设计

汽车停车场(库)是指从事保管汽车并可进行加油、充气、清洁等作业的场所,对于运输企业,它是一种专业组织形式。机动车存续状态大致可以分为行驶和停车两种。利用机动车出行到达目的地必须要经过停车这一状态。因此可以说,停车是机动车使用过程中必不可少的环节。在机动车成为城市主要出行方式的今天,停车设施成为城市必不可少的基础设施之一。第二次世界大战以后,国外许多城市的停车成了严重的社会问题,从20世纪50年代就开始了对停车问题的研究。我国从20世纪80年代中期开始关注城市停车问题及城市停车场规划建设的相关问题。早期的停车场规划设计主要指停车场相关硬件设施的规划设计,例如停车的布局规划、停车场的结构、设备等内部设计。而现在广义的停车场规划设计除了包括硬件设施外还包括和停车有关的软件(政策、法规)的规划。

## 6.1 汽车停车场设计概述

1. 汽车停车场的任务

汽车运输企业的货运汽车停车场(库),往往是综合性企业的车队所在地;而客运汽车停车场(库)又往往是一个客运服务站。因此,汽车停车场(库)的主要任务是保管和存放车辆,保持车辆完好的技术性能,同时还要进行劳动组织和管理工作,并负责车辆的简易技术维护、小修以及运行材料供应等工作。

2. 停车场(库)的要求

为了保证被保管存放车辆的安全可靠,停车场(库)必须满足以下要求:

(1)保持车辆原有的技术状况。

(2)车辆可以随时安全、顺利、方便、迅速地进出,以保证能及时参加营运工作。

(3)无火灾危险,并备有必要的消防设施及安全疏散通道和大门。

(4)为停放车辆设置技术性服务设施。

(5)在不降低上述基本要求的原则下,应尽量减少基建投资额和日常使用费,力求减少占地面积。

3. 停车场(库)的分类

汽车停车场(库)通常按下列方法分类:

(1)按停车场(库)的使用性质不同,分为公共停车场(库)、专业停车场(库)和储备停车场(库)。

（2）按停车库的建造方式及层数不同,可分为单层、多层、地下室和地下车库四种。随着城市建设的发展,汽车停车场（库）呈现向空间和地下发展的趋势。多层车库主要用于存放轻便汽车,我国目前有些城市的汽车运输企业,为了解决用地紧张的矛盾,已经设计并建造了载货汽车和大客车的双层停车场。地下室车库多是私人汽车的停车处。

（3）按停放车辆容量的不同,可分为小型、中型和大型停车场（库）3 种。这种分类方法,目前我国尚无统一划分标准,通常把停放 50 辆汽车以下的称为小型停车场（库）,停放50 辆到 100 辆的称为中型停车场（库）,停放 100 辆以上的为大型停车场（库）。

（4）按车辆保管方法不同,停车场（库）可分为保暖的室内车库（也叫暖车库）、不保暖的室内车库、顶棚下停车场和露天停车场 4 种。车辆在室内停放,可以不受自然条件的风、霜、雨、雪、严寒和暴烈阳光的侵袭。在寒冷季节,有保暖的室内车库温度可保持在10 ~ 15 ℃之间,不论外界气候条件如何变化,都能保证汽车有最佳的技术状态,有效地满足车辆的全部营运要求。车辆在顶棚下停放,可使车辆免受雨、雪和烈日暴晒的侵害,但不能防止风沙和寒气的影响,保管质量尚好。车辆在露天停车场停放和保管,则受各种自然条件的侵害,保管质量差,无形损失也较大。

（5）按照车辆在库内的运输方式不同,停车库分为坡道式停车库和机械式停车库。

4. 停车场（库）类型的选择

在具体选择停车场（库）的类型时,必须结合企业的客观实际,因地制宜,综合考虑以下三方面因素,做出合理选择。

（1）当地的气候条件

在气候条件中,主要影响停车场（库）类型选择的是气温。气温愈低,车辆的保管工作愈复杂。影响车辆停放和保管最有代表性的气温参数是最冷月份的平均温度和一年中0 ℃以下的期限。表6 - 1 列出我国长江流域及其以北的一些大城市的气温参数。从表6 - 1 中可以看出,我国各地区的气温参数的差别范围是很大的。长江以南的绝大部分地区最冷月份的平均温度都在 0 ℃以上,而北部某些地区达到 - 20 ℃以下。所以,在我国北部地区,有效解决车辆在低温条件下的停放和保管问题,具有重要的现实意义。

表6 - 1　我国长江流域及其以北各大城市1 月份平均温度/℃

| 城市名称 | 1 月份平均温度/℃ | 城市名称 | 1 月份平均温度/℃ |
|---|---|---|---|
| 呼和浩特 | - 23.4 | 西安 | - 6.6 |
| 齐齐哈尔 | - 22.8 | 兰州 | - 6.8 |
| 哈尔滨 | - 21.5 | 银川 | - 9.3 |
| 长春 | - 16.3 | 济南 | - 2.0 |

表 6 - 1(续)

| 城市名称 | 1 月份平均温度/ ℃ | 城市名称 | 1 月份平均温度/ ℃ |
|---|---|---|---|
| 乌鲁木齐 | - 16.1 | 郑州 | - 1.2 |
| 沈阳 | - 12.8 | 青岛 | - 1.8 |
| 大连 | - 5.4 | 重庆 | 7.8 |
| 北京 | - 4.8 | 武汉 | 3.9 |
| 天津 | - 4.2 | 南京 | 2.2 |
| 太原 | - 7.7 | 上海 | 3.4 |
| 石家庄 | - 3.4 | 杭州 | 3.6 |

在研究低温条件下的车辆停放保管时,如果不是在保暖室内停放,则必须采取车辆起动加温和预热措施。按气候条件不同,建议采用不同的车辆停放方式见表 6 - 2。

表 6 - 2　不同气候条件下宜采用的车辆停放保管方法

| 车辆类型 | 最冷月份平均气温/℃ | | | |
|---|---|---|---|---|
| | + 5 ~ 0 | 0 ~ - 5 | - 5 ~ - 15 | - 15 以下 |
| | 建议的停放保管方式 | | | |
| 货车 | 露天 | 露天 | 露天 | 暖室 |
| 轿车 | 顶棚 | 室内 | 暖室 | 暖室 |
| 客车 | 顶棚 | 室内 | 暖室 | 暖室 |

(2)车辆的运行条件

运行条件主要指出车情况及车辆类型,对车辆保管方法的选择影响很大。出车情况包括三种:随时准备出车、根据派车通知单出车和按规定的时刻出车。第一种情况要求车辆经常处于容易启动状态,保证随时出车,应该采用有保暖的室内车库。在后两种情况下,出车前有一定的准备时间,可根据具体情况,结合防寒措施加以考虑。从车辆类型看,对于轿车和公共汽车,为了防止车身锈蚀,一般不宜采用露天停放的保管方式;对于载货汽车,为了降低停车场的基建投资,甚至可以考虑在 - 20 ℃以上的地区都可采用露天停放保管的方式。对于挂车和半挂车,一般不论其气温条件和运行条件如何,都可以采用露天保管方法。

(3)运输企业对停车场建设的投资额

用投资指标评价时,不难证明利用露天停车场的经济效果好。企业自建停车场的投资费用包括场区开拓和美化、建筑物和构筑物以及工艺设备等方面。根据实际经验,如以停放 100 辆汽车的暖车库的基建投资为 100%,则装有预热设备的露天停车场的基建投资仅为 20%。如采用保暖车库停放和保管车辆,其企业总投资为 100%,则采用露天停放保管车辆方法的企业,总投资仅为 75% 左右。所以,在资金有限或属临时停车场地或在环境气候温和的条件下,采用露天停车场,其经济效益是比较显著的。

但是必须指出,合理确定企业停车场(库)的类型问题,不能只从基建投资角度分析,还应考虑车辆的营运费用。车辆的营运费用包括直接费用和间接费用两个方面,其中直接费指保持车辆技术状况良好的维修费用及折旧费用。事实上,露天停车的直接费用很大,比在室内保管增加 10% 以上。但是这种费用比较隐蔽,且经济效果的反应期也较长,所以往往容易被人们忽视。间接费用是指停车场(库)建筑物和构筑物的维护、设备的维修、折旧费等。由于这些费用所占的比例不大,所以采用露天停车场所获得节约间接费用的经济效果不会大于 3%。比较直接费用和间接费用可知,在严寒的环境气候条件下,不宜采用露天停车场保管车辆。以上分析表明,对露天停车场保管车辆的效果不能简单地肯定或者否定,必须结合客观实际,科学地加以综合论证。

# 6.2　车辆停放方式

车辆的停放方法指车辆进出车位的方式以及在停车场(库)内的停放形式。在组织车辆停放时,不论采用哪种停车方法,均应满足以下基本要求:

(1)符合车辆回场(库)和出车的顺序,并满足车辆维修工作制度的要求;

(2)车辆驶入和驶出车位时,应行驶安全,调车方便,并保证车辆能迅速安全疏散;

(3)停车面积应经济。

**1. 车位**

汽车在车库停放时,除车体本身所占空间外,车辆与墙、柱之间应留有一定余地,以保证打开车门、行驶、调车用。每车所需占用的总面积称为车位。

**2. 车辆停发和停放方式**

车辆停发和停放方式是指车辆驶入和驶出停车位置(简称车位)及在场(库)内的停放排列方法。不同的车辆停发和停放方式对停车场的设计造成影响。

车辆进出车位通常有 3 种方式:顺车进倒车出(图 6 - 1(a));倒车进顺车出(图 6 - 1(b));顺车进顺车出(图 6 - 1(c))。前两种进出车位的方式统称为尽头式,第三种又称贯通式。由于倒车进顺车出的方式发车迅速、行驶方便,所需调车通道面积较小,且便于车辆的安全疏散,因此广为采用。对于贯通式进出车位的方式,其优点为车辆进、出都采用前进式行驶,可避免车辆进出车位时的交叉,调车安全性较好,但因占地面积较大,通常很少采用。

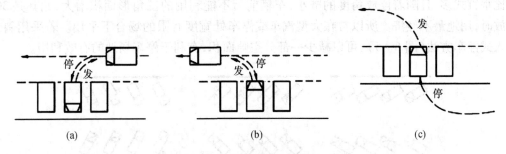

**图6-1 车辆进出车位的方式**

(a)前进停车、后退发车;(b)后退停车、前进发车;(c)前进停车、前进发车

### 3.车辆停放形式

车辆在停车场(库)内停放保管时,根据停车场地条件和车辆的停车要求,可以采用不同的停放形式。

(1)按车辆纵轴线与通道中心线的相对位置关系,可以有下列三种停放形式。

①平行式(图6-2)。这种停放形式占用的停车带较窄,车辆驶出方便,但单位长度内停放的车辆数最少,一般很少采用。在车型多、场地狭长或沿周边布置停车时,可考虑采用这种方法。

②垂直式(图6-3)。这种停放形式的特点是由于车辆垂直于通道,所以单位长度内停放的车辆数最多,用地比较紧凑,但所需通道较宽。布置时可采用通道两边停车,合用中间一条通道的方式,因此在场区整齐的情况下被广泛采用。

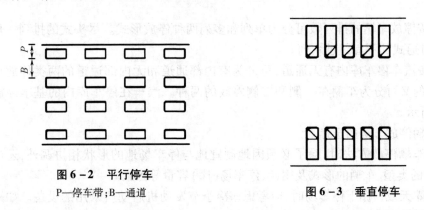

**图6-2 平行停车**

P—停车带;B—通道

**图6-3 垂直停车**

③斜置式(图6-4)。这种停放形式的车辆一般与通道成30°,45°,60°共三种停放角度。斜置式停放的特点是停车带宽度随车身长度和停放角度而异,车辆进出、停开均较方便;而且由于受通道宽度限制,车辆只能在通道内做单向前进行驶,同时,单位车辆停放面

积比垂直式多,且随着停放角度的减小,车辆前后不能利用的三角形面积增大,尤其是30°停放时,用地最不经济。所以常在大型汽车或停车处宽度有限的场合下采用。若采用斜角插入式停车方法(图6-5),可以减少一部分空隙面积,有利于停车场地的有效利用。

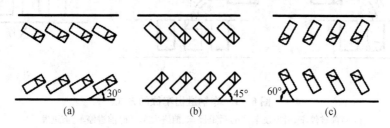

(a)        (b)        (c)

图6-4 斜置式停放

(a)30°停放方式;(b)45°停放方式;(c)60°停放方式

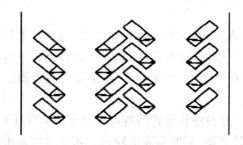

图6-5 斜角插入式

(2)按停放车辆的排列数可分为单列和多列两种停放形式。尽头式的排列一般不宜超过两列,贯通式的不宜超过六列。

(3)按汽车停车库内有无通道,可分为有内部通道和无内部通道的两类停放形式。有内部通道的又可分为车辆在一侧和二侧停放的两种。汽车在停车库内的基本停放形式如图6-6所示。

4.车辆停放方法的选择

选择车辆停放方法时,除了必须因地制宜地与停车场地的形状相协调外,还应考虑停车场(库)的类型、车辆的形式及用途、停车场(库)容量等因素。

采用露天或顶棚下停车场时,应考虑寒冷季节发动机启动所采用的设备。如采用固定式发动机加热设备,则车辆停放应选择如图6-7(a)所示的排列形式;如使用移动式的加热设备,则车辆可停放成图6-7(b)的形式。

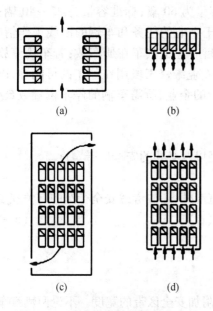

**图 6-6　库内汽车停放的基本方法**

(a)尽头式,有室内通道,两侧单列停放;

(b)尽头式,无室内通道,单列停放;

(c)贯通式,有室内通道,多列停放;

(d)贯通式,无室内通道,多列停放

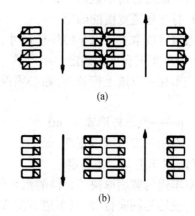

**图 6-7　露天停放车辆方法**

(a)汽车对置共用固定式预热设备,车尾朝通道;

(b)利用移动式预热设备,车头朝通道

## 6.3　停车场的工艺计算

1.设计车型及停车容量的确定

停放不同类型的车辆,由于车辆外形尺寸不一致,对停车带和通道宽度的要求也不一样,因此进行停车场设计时首先要解决的问题就是选取何种车型作为设计依据的问题。我国车型很多,具体选取设计车型时,可根据公安部、建设部 1988 年制定的《停车场规划设计规则》中的规定选用,一般定为小型汽车,并以它作为当量车型进行换算。对汽车运输企业来说,通常选用中型客车和货车作为停车场(库)的设计车型。

停车容量是指同时能停放的最大车辆数。社会公用停车场停车容量的确定:

(1)需考虑服务对象、车辆到达和离去特征、高峰日吸引车次总量、停车场地周转次数、平均停放时间、停车不均衡系数,以及城市性质、规模、公共建筑布局等许多因素。确定时,必须加强停车调查,进行科学预测,并根据国内现有停车场的使用情况和参考国外的有关分析模型进行统筹考虑。

（2）对于我国公路干线旁的停车场，建议最大容量为 60 辆；标准容量为 25~40 辆；最小容量为 15 辆。汽车运输企业停车场的容量取决于企业的任务和车辆的沿线工作情况。若企业每辆汽车都有固定停放位置，则停车位置数目应等于汽车在册车数；若车辆停放位置不固定，则停车位置数决定于车辆沿线工作情况、企业维修工段用作停车的可能性，以及企业分设机构的情况。一般来说，车辆昼夜不断运行的企业，所需车辆的停车位置数最少，有时可不超过在册车数的 1/3。

2. 行车通道宽度的确定

通道宽度取决于汽车的外形尺寸，最小转弯半径以及必要的安全区带宽度。

（1）单车道宽度的确定

汽车在单车道上行驶时，除必须保证车辆本身宽度外，还应考虑安全行车的有关规定。

$$X_1 = b + 2Z_w \quad （m） \tag{6-1}$$

式中　$b$——汽车外形宽度，m；

　　　$Z_w$——安全区带宽度，m。

（2）双车道宽度的确定

双车道的宽度取决于 2 倍的汽车外廓宽度及其附加安全区带的宽度。不论两辆汽车是相向行驶还是同向行驶，双车道宽度 $X_2$ 均可按下式计算：

$$X_2 = 2(b + Z_w) + Z \quad （m） \tag{6-2}$$

式中　$Z$——两辆汽车之间的安全行驶距离，一般取 0.8~1.0 m。

3. 停车带宽度和长度的确定

在设计停车场时，除了必须考虑机动车的占地空间以外，还应当考虑停车后人员的乘降、货物的装卸等需求，预留出一定的空间。

（1）停车带宽度的确定

停车带宽度是指停放车辆在平行于通道方向所占的区域宽度 $P$，与车辆外廓尺寸及停放方法有关，可按下式确定：

$$P = T + a \cdot \sin\theta + b \cdot \cos\theta \quad （m） \tag{6-3}$$

式中　$T$——墙或边线至汽车之间的安全距离，一般取 0.5 m；

　　　$a$——汽车外廓长度，m；

　　　$b$——汽车外廓宽度，m；

　　　$\theta$——汽车纵轴线与通道中心线所成角度。

当汽车采用垂直停放时，即 $\theta = 90°$，则

$$P = T + a \quad （m）$$

当汽车采用平行停放时，即 $\theta = 0°$，则

$$P = T + b \quad （m）$$

但汽车采用平行停放时，为了保证车门安全开放，$T$ 值通常取 1.0 m。

（2）停车带长度的确定

停车带长度与停放车辆数目、汽车外廓尺寸、汽车之间的距离以及汽车停放角度等因素有关。各停车带长度 $L_p$ 可按下式计算：

$$L_p = (A-1) \cdot H + a \cdot \cos\theta + b \cdot \sin\theta + 2Z_w \quad (\text{m}) \qquad (6-4)$$

式中　$A$——单排停放汽车数目，辆；

　　　$H$——汽车纵向轴线间距离在通道中心线上的投影；

　　　其他字母含义同上。

当采用平行式停放时，停车带长度应按下式计算：

$$L_p = (a+y) \cdot A + Z_w \quad (\text{m}) \qquad (6-5)$$

式中　$y$——两汽车间距离。

# 6.4　停车场（库）的平面布置

停车场内的汽车具有入口—车道—停车车位—车道—出口等运行轨迹。其中入口和出口是内部交通和外部交通的结合点，对于调节停车场内的交通流具有阀门作用。其次，将入库汽车顺畅、有效地引导到停车位的是车道，在停车场内，除了出入口或坡道部分的车道以外，它具有进出停车位、供管理者和步行者使用等多种功能，因此，该空间是否得到有效利用，关系到停车场内交通是否顺畅，停车场内空间是否得到有效利用等问题。即，如果车道使用得当，汽车进出方便，在停车场内行走顺畅，安全也得到保障；反之，不仅车辆进出困难，影响到后续车辆的进出，也容易发生安全事故和其他管理上的问题。另外，使用效率降低还会导致停车空间增加，最终导致建设成本上升。

1. 停车场（库）平面布置的基本原则

（1）要满足停放车辆的生产及功能要求，并使停车区尽量位于可扩展的一侧，适当考虑留有发展余地。

（2）停车场（库）内的汽车行驶路线、行车通道以及各主要辅助设施的位置，要符合总的工艺流程。

（3）停车区域要完整，要有效地利用行车通道和占地面积。不同类型的车辆应根据具体情况，尽可能分区停放。

（4）大、中型停车场（库）车辆的出、入口宜分开设置，使车辆按单向路线行驶，以免发生车流和人流的相互交叉。并且应在车辆的入口处设置明显的行驶方向和停车位置标志。

2. 停车库的平面布置形式

室内停车库的平面布置形式可分为敞开式、分隔式、敞开分隔式和综合式等四种。

停车库形式的选择，除取决于车辆用途外，还应考虑下列要求：

(1)汽车的隔离情况；

(2)防火安全性及观察的方便性；

(3)停车库面积的利用程度及经济性；

(4)房屋的热能损失程度等。

# 第7章 汽车客运站设计

汽车客运站是公路运输部门的重要基层单位之一,它不仅代表公路运输业开展客运业务经营活动,直接为旅客服务,而且负责人力的合理安排、运输车辆的组织和运用,担负着组织生产、为旅客服务、管理线路和传输信息等职责任务。随着汽车客运事业的发展,客运站点的建设已成为反映客运服务质量和水平的标志。因此,世界各国对客运站点的选择、设备的完善与现代化、管理水平的提高均十分重视。

## 7.1 概述

1. 汽车客运站的基本任务及功能

汽车客运站的基本任务:从一切为旅客服务的原则出发,尽最大可能满足人民群众日益增长的旅行需要,为工农业生产、商品经济发展、城乡交流和促进整个社会宏观经济效益的提高服务,保证安全、及时、方便、舒适、经济地完成运送旅客的任务。

汽车客运站是旅客集散的地方,在客运的全部活动中,客运站起着组织、协调、指挥、监督运输工作的重要作用。根据公路旅客运输市场的客观要求,对于较大规模的汽车客运站,应该具备运输服务、运输组织、中转换乘、班次信息、多式联运和辅助服务等功能。

2. 客运站类型及级别划分

(1)类型:自办站、代办站、停靠点

①自办站。是由汽车运输企业依靠国家投资或自筹资金兴建,专门为自有客车和与本企业有协议的经营者提供站务服务的客运站。

②代办站。一般是业务量不大、任务单一、尚不具备建站条件的旅客集散点。其设站程序,由县级车站与当地乡镇、乡村或企、事业单位,协商条件,签订合同,委托代办。

③停靠点。是供客运班车来往停靠、上下旅客的站点,没有站房,也没有站务人员,只竖一块站牌作为标志,一般设在路口附近。

(2)级别划分

根据交通部2004年4月16日发布,2004年7月15日实施的新的《汽车客运站级别划分和建设要求》标准,根据车站设施和设备配置情况、地理位置和设计年度平均日旅客发送量等因素,将客运站分为等级站(表7-1)、简易车站(达不到五级车站要求,或以停车场为依托具有集散旅客、售票和停发客运班车功能的车站)、招呼站(道路沿线或客运班线设立的旅客上落点。达不到五级车站要求,具有明显等候标志和候车设施的车站)。

表7-1　汽车客运站设置的年平均日旅客发送量及地理位置条件

| 等级 | 设置条件 | | |
|---|---|---|---|
| | 日发量/人次 | 所在地的情况 | |
| 一级 | ≥10 000 | 省、自治区、直辖市及其所辖市、自治州（盟）人民政府和地区行政公署所在地,如无10 000人以上车站,可选取日发量在5 000人次以上具有代表性的一个车站 | 位于国家级旅游区或一类边境口岸,日发量3 000人次以上 |
| 二级 | [5 000,10 000) | 县以上或相当于县人民政府所在地,如无5 000人以上车站,可选取日发量在3 000人次以上具有代表性的一个车站 | 位于省级旅游区或二类边境口岸,日发量2 000人次以上 |
| 三级 | [2 000,5 000) | | |
| 四级 | [300,2 000) | | |
| 五级 | ≤300 | | |

3.设施和设备

(1)汽车客运站等级站设施和设备配置

①场地设施。站前广场、停车场、发车位。

②建筑设施。站房包括办公用房、站务用房(候车厅、售票厅、行包托运处、站务员室、驾乘休息室、调度室、旅客厕所等)、辅助用房。辅助用房包括生产辅助用房(汽车维修车间、车辆清洁清洗台、门卫传达室等)和生活辅助用房(司乘公寓、餐厅、商店)。

有些设施是等级站必设的,如停车场、候车厅、站务员室、驾乘休息室等,有些是不同等级的车站视情况而设的,如售票厅是一级站、二级站必备的,而三、四、五级车站可视情况而设。

(2)汽车客运站的设备配置要求

①车站的设备。车站的设备包括基本设备和智能化系统设备。

a.基本设备。车站基本设备包括售票设备(包括售票的微机、售票员的座椅、钱箱票价等)、候车室设备(包括座椅、母婴床、班次牌、检票隔离栏等)、行包安全检查设备、汽车尾气排放测试设备、安全消防设备、清洁清洗设备、广播通信设备、行包搬运与便民设备、采暖或空调设备、办公设备、宣传告示设备(包括班次时刻表、里程票价表、行包价目表、营运线路图、旅客须知、禁运限运物品宣传图、公告牌等)。

b.智能化系统设备。微机售票系统设备、生产与管理系统(包括车辆调度系统、车辆报班系统、车辆缴费系统、车辆销班系统等)设备、自动化办公系统(包括办公系统和财务管理系统)设备、监控设备和电子显示(包括售票厅显示系统和候车厅显示系统)设备等。

②配置原则

a. 适用性。设备要适应车站工艺和作业特点,具有灵活性、机动性、作业连续性及"一机多用、多机联用"的可能性等。

b. 可靠性。设备使用寿命周期长,安全可靠,作业质量高,易于维修。

c. 通用性。设备系统通用,兼容,易于实现内外对接。

d. 经济性。设备系统投资少,能源消耗小,使用成本低。

e. 有效性。设备作业能力与其作业量相适应,利用率及劳动生产率高。

f. 可行性。易于安装调试,操作简便,技术要求低。

g. 先进性。设备的机械化、自动化程度高,可明显改善作业环境与作业条件,提高工效。

③基本要求

a. 车站设备的数量与类别应根据车站生产能力和作业量的大小确定,主要设备尽可能地选用国家定型的标准设备。

b. 主要基本设备的配置要求见表7-2,智能化系统设备视车站实际情况按需配置。

表 7-2　车站基本设备的配置要求

| 设备名称 | 基本要求 |
| --- | --- |
| 行包安全检查设备 | 能在不开包情况下准确查出乘客携带的危险品<br>可查行李最大尺寸(宽×高):900 mm×800 mm |
| 汽车尾气排放到测试设备 | 可快速、准确地测定汽车尾气排放是否超标 |
| 微机售票系统设备 | 能迅速、准确地为旅客提供票务查询、预定、售票服务<br>满足远程售票作业及联网对接要求<br>方便相关票务信息的传递、交换、存储、处理与统计 |
| 安全消防设备 | 设备配置齐全、有效<br>符合国家安全消防的有关规范及规定 |
| 行包搬运与便民设备 | 能实现轻快、便捷、安全的搬运作业<br>便民设备要与车站工艺流程相匹配、轻巧、方便旅客使用 |
| 生产管理系统设备 | 能够实现客车到站、报站、发班、销班、停车、检验等一体化管理 |

# 7.2  汽车客运站工艺流程

## 7.2.1  汽车客运站的组成

客运站的对外服务区一般由出站前广场、站房和站内停车场三部分组成。

客运站的作业单元主要有候车厅、售票处、行包办理处、问讯处、小件寄存、广播室、小卖部、旅客厕所等。

1. 售票处

售票处包括售票工作室及售票厅两部分,根据售票处的业务特点,需要解决下列基本要求:

(1)售票处应宽敞、明亮、通风良好;

(2)根据客流情况,开设适当数量的售票窗口;

(3)售票室与售票厅要隔开;

(4)售票室内的地面标高宜高于售票厅地面,以便于售票作业。

(5)一、二级车站应在售票室附近设置票据库,存放各种车票、单据,以方便票务人员办理领、存手续。

2. 行包办理处

行包办理处是旅客办理行包托运和提取手续的地方,它包括托运厅、作业室、库房和提取厅等。

3. 候车厅

候车厅是提供旅客等候乘车和车站工作人员组织旅客进站上车的场所,应尽可能给旅客创造宽敞和安静和舒适的候车环境,争取良好的采光通风,合理安排座椅和通道,配置各种必要的服务设施。根据车站规模的大小,候车厅可分为专用式和综合式两种基本类型。

4. 站台和发车位

站台是旅客进站后排队上车或短暂停留的台阶。

发车位是为了方便旅客上下车及装卸行李所设置的停放车辆位置。根据车站的具体情况和发车的方便性等,站台与车位可设计成垂直式、斜置式、辐射式和平行式等。如图7-1、图7-2所示。

5. 主要服务设施

服务设施主要包括问讯处、小件寄存处、服务台、广播室、值班站长室、公安执勤室、小卖部、旅客厕所、停车场等。

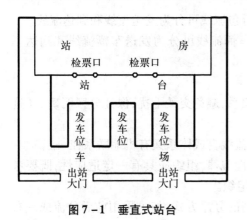

图 7-1　垂直式站台

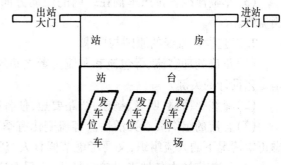

图 7-2　斜置式站台

## 7.2.2　客运站内的主要流线关系

1. 流线的定义和分类

在汽车客运站内,按照旅客、行包、车辆沿一定方向流动所形成的轨迹称为流线。

根据车站的工作过程和作业程序,客运站内的主要流线可分为旅客流线(简称客流)、行包流线(简称行包流或货流)和车辆流线(简称车流)三种。

(1)旅客流线。按照旅客在站内流动的方向,旅客流线可分为进站流线和出站流线。如图 7-3、图 7-4 所示。

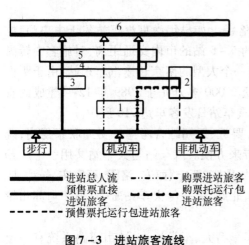

图 7-3　进站旅客流线

1—售票处;2—托运行包处;3—小件寄存处;
4—门厅;5—候车厅;6—发车位

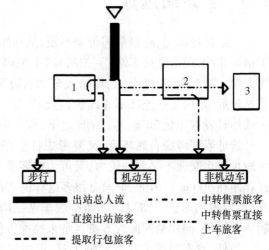

图 7-4　出站旅客流线

1—行包提取;2—售票厅;3—候车厅

（2）行包流线。按照行包在站内的流动人向，行包流线可分为发送流线和到达流线。

（3）车辆流线。按照车辆在站内的流动方向，车辆流线可分为发送车辆流线和到达车辆流线。

2. 工艺设计流线的原则与要求

（1）正确处理客流、行包流和车流三者之间的关系，避免交叉干扰，保证分区明确。（这是工艺设计的关键）

（2）流线要简捷、明确、畅通，线路要短，使各种流线自成体系又有机地联系在一起。

（3）客流的组织要有灵活性。客流变化有季节性规律，组织应具有一定适应性，既要考虑正常情况下的人流组织，又要考虑节假日人流的组织。

（4）站前广场内各种流线较为复杂，应采取适当的分流方式，如可采用前后分流或左右分流。前后分流是把人流、车流组织在站前广场前后两部分。前部行驶、停靠车辆，上下旅客；后部为旅客活动区域。左右分流是车流、人流沿站前广场横向分布。

（5）发送行包流与到达流应分开设置，并尽量避免行包与旅客流线交叉。

（6）车辆进出口要分开放置，沿干道的车流方向，入口位于出口之前，靠近站场一侧的车流方向。

（7）不仅要处理好车站内部的工艺，还要考虑与车站外部的流线的衔接，根据站前广场的地形特点与站内的组织情况，处理好各种流线与城市交通流线的衔接问题，避免相互交叉干扰。

# 7.3　客运站选址

站址选择不当，将给乘客带来不便，从而影响客源。如早年南京汽车站建于中央门，位于市区北端，距南京火车站（下关站）或下关码头约 5～6 站的市内交通距离，对旅客中转尚属方便。20 世纪 80 年代末，南京火车站东边又建一个大型的南京长途汽车东站，由于距火车站较远，市内交通连接不甚理想，客源不足，投资 2 000 多万元于 1989 年 12 月建成的省一级站日发客车仅 70 班次。相比之下，原中央门汽车站日发客车达 910 班次。

选址既要考虑自然环境，又要考虑社会条件，要近、远期综合考虑。交通联系得当，既可减少城市交通不必要的压力，又可为旅客换乘带来方便。汽车站与火车站共用一个广场或相距在 500 m 以内的，全国有很多这样的实例，如重庆、西宁、西安、洛阳、石家庄、长沙、广州、昆明等均属这一情况。苏州市汽车站设南站、北站，其一与火车站毗邻，另一与苏州轮船码头搭界，同样给四面八方旅客带来换乘方便。

另外，汽车虽属无轨型运输工具，但由于客车车型大、车身长，对城市道路系统有一定要求，在选址时如忽略这点也将造成日后运营的麻烦。如潮州汽车东站，位于韩江上的湘子桥与环城东路的丁字路口上，站场占地狭小，停车、发车、出车问题较多，虽是小站，因选址不当,同样留下隐患和麻烦。

## 7.3.1  客运站选址原则

1. 符合城市规划的合理布局。

2. 便于旅客集散和换乘,尽可能地节省旅客出行时间和费用,减少在市内换乘次数,以人为本。一般客运站应选在城市中心地带,但随着城市压力加大,对客运站选址提出新问题,现在客运站设置在省市的主要出入口。

3. 对运营车辆来说,要保证车辆流向合理,出入方便,与公路、城市道路、城市公交系统和其他运输方式的站场衔接良好。

4. 具备足够的场地,能满足车站建设要求,并有发展余地。

5. 接近公用工程网(道路网、电力网、给排水网、排污网、通信网等)的连接。

6. 注意保护名胜。

7. 避开低洼积水地段。

## 7.3.2  唐山客运西站站址的选择及优化[4]

近年来唐山高速直达客运在旅客运输中所占的比重日益增加。而现有客运站仍主要以普通公路客运为主,站位不合理、站级低,不能满足未来高速客运的发展要求。利用主成分分析法,对影响客运量的因素进行分析,确定各分区的高速客运量。采用定量计算和定性分析的方法产生若干备选站址。最后建立最大综合经济效益模型,比较各备选方案的综合费用,选取费用最小的方案作为最优站址。

1. 概述

唐山是一座具有百年历史的沿海重工业城市。唐山交通四通八达,高速公路发达密集,总里程达 288 公里,高速公路的密度达到发达国家水平,被国家列为全国 45 个公路主枢纽城市之一。在客运西站现有运营班线中,高客与普客班线的比例大约为 1∶2。从唐山客运西站的现状及未来高速客运发展来看,客运西站改建将成为必然的趋势。而目前的场站位置无法满足未来客运站改建的发展用地要求。因此,未来客运站发展首先要解决的就是客运站的选址问题。

2. 模型建立

建立最大综合经济效益模型,分别计算当前站址和上述两个备选站址的最小综合费用,以费用最低为目标,选取最优站址。

目标函数：

$$\min F_i = \sum a_{ji} S_{ji} + a_{ip} S_{ip}$$

约束条件：

$$D_i \in \{LD\}$$

$$\sum a_{ji} = a_{ip}$$

式中　$F_i$——客运站选址在 $i$ 的综合费用；

　　　$a_{ji}$——年均每日从出发地 $j$ 到客运站 $i$ 的旅客量，人次／日；

　　　$a_{ip}$——年均每日从客运站 $i$ 经收费站点 $p$ 进入高速公路的旅客量，人次／日；

　　　$S_{ji}$——出发地 $j$ 到客运站 $i$ 的距离；

　　　$D_i$——备选客运站站址 $i$ 的地理位置；

　　　$\{LD\}$——符合城市总体布局规划建设客运站的可选用地的集合。

3. 高速客运量的确定

(1)唐山市 2005 年至 2011 年统计数据如表 7 - 3 所示。

表 7 - 3　唐山市 2005—2011 年统计数据表

| 年份/年 | 公路客运量 /万人 | 生产总值 /亿元 | 总人口 /万人 | 非农业人口 /万人 | 干线公路 总里程 /百公里 | 社会消费品 零售总额 /亿元 |
|---|---|---|---|---|---|---|
| 2011 | 12 900 | 5 442.41 | 737.07 | 247.21 | 141.63 | 1 334.8 |
| 2010 | 11 348 | 4 469.08 | 735 | 247.41 | 138.50 | 1 119.45 |
| 2009 | 9 868 | 3 781.44 | 733.9 | 245.34 | 134.59 | 958.56 |
| 2008 | 5 706 | 3 561.19 | 729.41 | 244.39 | 132.15 | 809.76 |
| 2007 | 4 566 | 2 779.14 | 724.66 | 236.23 | 130.10 | 648.83 |
| 2006 | 4 478 | 2 361.68 | 719.12 | 229.3 | 124.55 | 544.28 |
| 2005 | 4 477 | 2 027.64 | 714.51 | 229.95 | 76.98 | 468.59 |

将表中数据输入 SPSS 软件中，如图 7 - 5 所示，对其进行主成分分析，最终可以得到各指标在客运量中所占的权重系数分别为：1.254，1.634，7.994，0.675，3。

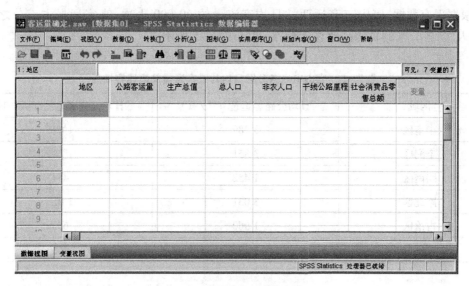

**图 7 - 5　SPSS 软件操作界面**

（2）2010 年唐山市中心城区各分区客运量影响因素统计数据如表 7 - 4 所示。将上述各指标在客运量中所占的权重系数与表 7 - 4 中的数据对应相乘，就可以得到各分区客运量。再计算各分区客运量与唐山市区总客运量的比值，分别为：0.164，0.193，0.073，0.152，0.098，0.070。

**表 7 - 4　2010 年唐山市中心城区各分区统计数据表**

| 区域 | 生产总值 /亿元 | 总人口 /万人 | 非农业人口 /万人 | 干线公路 总里程 /百公里 | 社会消费品 零售总额 /亿元 |
|---|---|---|---|---|---|
| 丰南区 | 453.554 3 | 54.427 9 | 13.976 0 | 12.37 | 93.280 1 |
| 丰润区 | 447.369 6 | 92.382 2 | 27.724 6 | 15.60 | 97.996 3 |
| 路南区 | 64.652 1 | 23.591 2 | 20.169 2 | 0.75 | 61.876 4 |
| 路北区 | 76.160 5 | 58.733 5 | 58.733 5 | 0.95 | 104.347 1 |
| 古冶区 | 142.037 4 | 35.956 7 | 26.704 2 | 3.02 | 59.251 3 |
| 开平区 | 136.742 0 | 24.075 5 | 13.580 3 | 3.65 | 42.305 6 |

　　根据现有数据,唐山市客运西站日均客流量约 20 000 人次,高客运量占三分之一为 6 667 人次,各分区的日均高速客运量,结果如表 7-5 所示:

表 7-5　唐山市内各分区日均公路客运量及高速客运量

| 区域 | 日均公路客运量/(人/日) | 日均高速客运量/(人/日) |
|---|---|---|
| 丰南区 | 3 289 | 1 096 |
| 丰润区 | 3 851 | 1 283 |
| 路南区 | 1 452 | 484 |
| 路北区 | 3 031 | 1 010 |
| 古冶区 | 1 960 | 653 |
| 开平区 | 1 396 | 465 |

　　**4. 站址的确定**

　　由 Google 地图网站截取唐山市中心城区图,进行图片处理,得到唐山市中心城区地图。如图 7-6 所示:

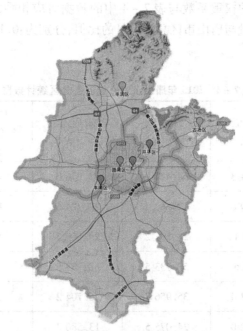

图 7-6　唐山市中心城区图

对图像进行处理,得到唐山市区各分区的简图,如图 7-7 所示:

**图 7-7　唐山市区各分区简图**

透视化图像得到唐山市中心城区各分区的几何中心点相对位置如图 7-8 所示:

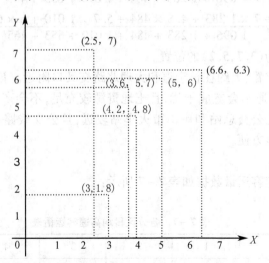

**图 7-8　唐山市中心城区各分区的几何中心点相对位置**

重心法计算客运站选址的模型如下：

$$\begin{cases} X = \dfrac{\sum V_i X_i}{\sum V_i} & (7-1) \\[4mm] Y = \dfrac{\sum V_i Y_i}{\sum 66 V_i} & (7-2) \end{cases}$$

式中　$(X_i, Y_i)$ —— 已知供给点与需求点的坐标，即各分区的中心点坐标；

　　　$(X, Y)$ —— 待选址客运站的坐标。

重心法中各分区的数据如表 7-6 所示：

表 7-6　分区坐标及日均高速客运量

| 区域 | 丰南区 | 丰润区 | 路南区 | 路北区 | 古冶区 | 开平区 |
|---|---|---|---|---|---|---|
| $X$ | 3 | 2.5 | 4.2 | 3.6 | 6.6 | 5 |
| $Y$ | 1.8 | 7 | 4.8 | 5.7 | 6.3 | 6 |
| $V_i$ | 1 096 | 1 283 | 484 | 1 010 | 465 | 653 |

将表 7-6 中数据代入公式 (7-1) 和 (7-2)，计算客运站坐标 $(X, Y)$ 如下：

$$X = \frac{3 \times 1\ 096 + 2.5 \times 1\ 283 + 4.2 \times 484 + 3.6 \times 1\ 010 + 5 \times 653 + 6.6 \times 465}{1\ 096 + 1\ 283 + 484 + 1\ 010 + 653 + 465} = 3.7$$

$$Y = \frac{1.8 \times 1\ 096 + 7 \times 1\ 283 + 4.8 \times 484 + 5.7 \times 1\ 010 + 6 \times 653 + 6.3 \times 465}{1\ 096 + 1\ 283 + 484 + 1\ 010 + 653 + 465} = 5.2$$

即客运站位于坐标为 (3.7, 5.2) 的位置。

对应实际地理位置，大约在长宁道和大理北路交叉口附近。该位置属于市区和郊区的临界地带，对市内交通不会造成干扰，且土地资源较充足，不会产生很大的拆迁量。但是，这个位置距离现有的公交总站和唐山市火车站较远，且公交线路比较少，对于乘客到达车站的中转换乘不是很方便。

5. 验证

各分区日均高速客运量数据如表 7-7 所示：

表 7-7　各分区日均高速客运量表

| 分区序号 $j$ | 1 | 2 | 3 | 4 | 5 | 6 |
|---|---|---|---|---|---|---|
| 日均高速客运量（人次/日） | 1 096 | 1 284 | 484 | 1 010 | 653 | 465 |

出发地 $j$ 到客运站 $i$ 的距离数据如表 7 - 8 所示：

表 7 - 8　出发地与客运站距离表

| $S_{ji}/\text{km}$　　　$j$<br>$i$ | 1 | 2 | 3 | 4 | 5 | 6 |
|---|---|---|---|---|---|---|
| 1 | 23.3 | 20.0 | 6.9 | 3.9 | 29.0 | 14.6 |
| 2 | 27.2 | 17.2 | 8.5 | 2.5 | 25.7 | 11.1 |
| 3 | 23.4 | 19.7 | 7.1 | 3.7 | 28.9 | 14.4 |

注：计算方式为各分区中心点到各站址的直线距离。

（1）计算 $\sum a_{ji}S_{ji}$ 过程如下：

当 $i = 1^{j}$ 时，

$$\sum a_{j1}S_{j1} = 1\,069 \times 23.3 + 1\,284 \times 20.0 + 484 \times 6.9 + 1\,010 \times 3.9 +$$
$$653 \times 29.0 + 465 \times 14.6 = 84\,238.54$$

当 $i = 2$ 时，

$$\sum a_{j2}S_{j2} = 1\,069 \times 27.2 + 1\,284 \times 17.2 + 484 \times 8.5 + 1\,010 \times 2.5 +$$
$$653 \times 25.7 + 465 \times 11.1 = 80\,496.47$$

当 $i = 3$ 时，

$$\sum a_{j3}S_{j3} = 1\,069 \times 23.4 + 1\,284 \times 19.7 + 484 \times 7.1 + 1\,010 \times 3.7 +$$
$$653 \times 28.9 + 465 \times 14.4 = 83\,699.47$$

客运站 $i$ 到高速公路入口处的距离数据如表 7 - 9 所示：

表 7 - 9　出发地与客运站距离表

| $S_{ip}/\text{km}$　　　$i$<br>$p$ | 1 | 2 | 3 |
|---|---|---|---|
| 1 | 12.6 | 24.1 | 12.2 |
| 2 | 20.7 | 17.4 | 20.3 |

（2）计算 $a_{ip}S_{ip}$ 的过程如下：

$$a_{ip} = 1\,069 + 1\,284 + 484 + 1\,010 + 653 + 465 = 4\,993$$

当 $i = 1$ 时，

$$\sum a_{1p}S_{1p} = 4\,993 \times (12.6 + 20.7) = 166\,266.9$$

当 $i = 2$ 时，

$$\sum a_{2p} S_{2p} = 4\ 993 \times (24.\ 1 + 17.\ 4) = 207\ 209.\ 5$$

当 $i = 3$ 时，

$$\sum a_{3p} S_{3p} = 4\ 993 \times (12.\ 2 + 20.\ 3) = 162\ 272.\ 5$$

（3）由以上数据计算各站址的 $F_i$，计算过程如下：

$$F_1 = \sum_j a_{j1} S_{j1} + a_{1p} + S_{1p} = 84\ 238.\ 54 + 166\ 266.\ 9 = 250\ 505.\ 4$$

$$F_2 = \sum_j a_{j2} S_{j2} + a_{2p} + S_{2p} = 80\ 496.\ 47 + 207\ 209.\ 5 = 287\ 706$$

$$F_3 = \sum_j a_{j3} S_{j3} + a_{3p} + S_{3p} = 83\ 699.\ 47 + 162\ 272.\ 5 = 245\ 972$$

比较可得

$$\min F_i = \min\{F_1, F_2, F_3\} = 245\ 972$$

即第三种方案对应的站址北新西道交叉口站址为理论最优站址。

（4）效果分析

以上计算得出结论为利用本方法确定的最优站址是北新西道交叉口处。

与现有客运站址相比较，新站址距离市内公交总站和唐山市火车站稍远，但是并不会对乘客的中转换乘及到达的方便性产生很大的影响。新站址位于站前路北段双向十车道处，道路通行能力大大增强，且此处车流量已经减小了很多。因此，即便新站址和现有客运西站与高速入口的距离并没有相差很多，但其带来的效果是显著的。由于避开了站前路四车道的狭窄路段，远离了市内高密度的车流，客运车辆驶出新站即可进入高速行驶。粗略计算，若客运车辆出站后路线为从客运站到京哈高速唐山入口处，假设驶出新站后的车速可以达到 60 km/h，则由新站驶入高速的时间仅为 20.3 分钟，而同样的时间，现有客运站车辆刚刚行驶至甄家庄公交站附近。

从土地利用的角度来看，与现有车站相比，新站址的发展用地相对充足，且由于偏离市中心，拆迁量较小，地价偏低，客运站建站费用成本相对低廉。

综上所述，本文的选址及优化方法具有一定的意义和实用性。

# 7.4 客运站站场面积计算

1. 旅客最高聚集人数

旅客最高聚集人数亦称高峰期客流量，是指设计年度中旅客发送量偏高期间内，每天最大同时在站人数的平均值，是确定客运站站房建设规模、候车厅最大容量等的主要依据。

旅客最高聚集人数是一个平均值,并非指一年中客流高峰日内客流最高时刻聚集在车站的人数(极值)。

(1)根据设计年度平均日旅客发送量乘以相应的百分比来确定

第一步:根据车站服务区域道路旅客运输发展规律,选择适当的预测方法和预测模型进行预测分析,最后采用定量计算与定性分析相结合方法,确定设计年度平均日旅客发送量。常用的预测方法和模型:增长率统计法、回归分析法、移动平均法、指数平滑法、弹性系数法、灰色预测法等。

第二步:$D = a \cdot F$,即

设计年度旅客最高聚集人数 = 计算百分比 × 设计年度平均日旅客发送量

计算百分比的大小可按表 7 - 10 选取。

表 7 - 10　计算百分比的选取

| 设计年度平均日旅客发送量/人次 | 计算百分比/% |
|:---:|:---:|
| ≥ 15 000 | 8 |
| 10 000 ~ 15 000 | 10 ~ 8 |
| 5 000 ~ 10 000 | 12 ~ 10 |
| 2 000 ~ 5 000 | 15 ~ 12 |
| 300 ~ 2 000 | 20 ~ 15 |
| 100 ~ 300 | 30 ~ 20 |
| < 100 | 50 ~ 30 |

(2)根据同期发车数量计算

$$D = KNP$$

式中　$K$——综合系数,一般取 $1.5 \sim 2.5$;

　　　$N$——设计年度车站一次最大发车数量(即发车位数),辆;

　　　$P$——客车平均定员人数,人 / 辆。

汽车客运站的建筑设计中,以往是以候车厅的面积来反映客运站的规模,候车厅的面积由最高聚集人数来确定。随着历史的发展,这一概念将逐渐淡化。当今人们的候车意识由于社会的变革而有了转变。这种转变可以感受到的是班车在增加,日发送旅客人数在增加,但候车厅并未感到拥挤,相反还有相当的有效候车面积转化成商业面积,成排的售货柜

台出现在候车厅内。这种普遍存在的事实说明候车厅的大小,即最高聚集人数的多少,并不能全面反映日发送旅客量的多少,是否还能作为确定汽车客运站规模的依据值得重新考虑。

2. 客运站主要建筑部分面积计算

(1)发车位面积 = 4 × 客车投影面积 × 发车位数。

(2)停车场面积 = 28 × 客车投影面积 × 发车位数。

(3)发车位数。指车站同一时刻发出客运班车的停车位数。为保证车辆可以随时安全、顺利、方便、迅速地进出,每个发车位占用面积按客车投影面积的 4 倍计算。

(4)停车场的最大容量。按同期发车量的 8 倍计算,单车占用面积按客车投影面积的 3.5 倍计算。

(5)站前广场。一、二级车站按旅客最高聚集人数每人 1.2 ~ 1.5 $m^2$ 计算,三级车站按旅客最高聚集人数每人 1.0 $m^2$ 计算。

3. 站务用站面积计算

(1)候车厅

$$候车厅面积 = 1.0 \ m^2/人 × 设计年度旅客最高聚集人数$$

(2)重点旅客候车室

重点旅客候车室视实际需要设置,但总面积不应超过候车厅面积的 1/3。

(3)售票厅

$$售票厅面积 = 购票室面积 + 售票室面积$$

其中

$$购票室面积 = 20.0 \ m^2/窗口 × 售票窗口数$$
$$售票室面积 = 6.0 \ m^2/窗口 × 售票窗口数 + 15.0 \ m^2$$

(4)行包托运处

大型客运站的行包托运处由若干个托运单元组成。行包托运处面积 = 托运厅面积 + 受理作业室面积 + 行包库房面积,其中:

托运厅面积 = 25.0($m^2$/托运单元) * 托运单元数;

受理作业室面积 = 20.0($m^2$/托运单元) * 托运单元数;

行包库房面积 = 0.1($m^2$/人) * 设计年度旅客最高聚集人数 + 15.0($m^2$);

托运单元数:一级车站 2 ~ 4 个;二级车站 2 个;三、四级车站 1 个。

(5)行包提取处的面积按托运处的 30% ~ 50% 计算。

(6)综合服务处

服务内容包括问讯、小件寄存、邮电通信、失物招领、信息服务等。

综合服务处面积 = 0.02 × 设计年度平均日旅客发送量。

（7）站务员室

$$站务员室面积 = 2.0 \ m^2/人 \times 当班站务员人数 + 15.0 \ m^2$$

（8）驾乘休息室

$$驾乘休息室面积 = 3.0 \times 发车位数（m^2）$$

（9）旅客厕所（盥洗室）与饮水室面积

男厕：$1.2 \ m^2/人 \times（4\% \sim 6\%）\times 设计年度旅客最高聚集人数 + 15.0 \ m^2$。

女厕：$1.5 \ m^2/人 \times（3\% \sim 5\%）\times 设计年度旅客最高聚集人数 + 15.0 \ m^2$。

盥洗饮水室面积按 $20.0 \sim 30.0 \ m^2$ 选取。

（10）其他站务用房面积的确定

调度室、治安值勤室、医疗救护室、办公用房。

# 7.5　汽车客运站总平面图布置

1. 基本原则和要求

（1）因地制宜，符合城市规划总体布局的要求。

（2）布局合理，分区明确，流线简捷，满足客运站的使用功能。

（3）应组织好进出站旅客流线、车辆流线及行包流线，避免交叉。

（4）要进行建筑组合多方案比较与可行性分析，以选择最佳布置方案。

（5）要布置紧凑，合理利用地形，节约用地和投资。

2. 站房总体布置形式

站房是客运站主体建筑，其布置形式大致分以下三种：

（1）"一"字形。候车厅、售票厅沿城市主干道呈一字形排列，大门朝向一致，如图7-9所示。

（2）"T"形。售票厅与候车厅呈 T 形排列，售票厅为临街高层建筑的地面层，候车厅单层呈矩形或半圆环形布置在后面，如图7-10所示。

（3）"L"形。售票厅与候车厅大门分别面临两条大街，呈 L 形，如图7-11所示。

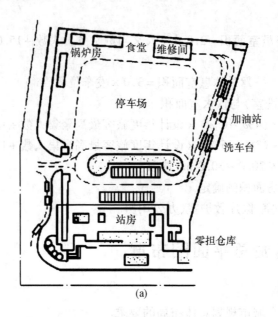

(a)

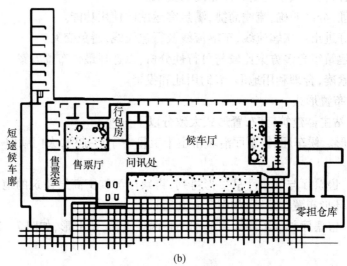

(b)

**图 7-9 "一"字形站房布置示意图**

(a)总平面布置图;(b)站房布置图

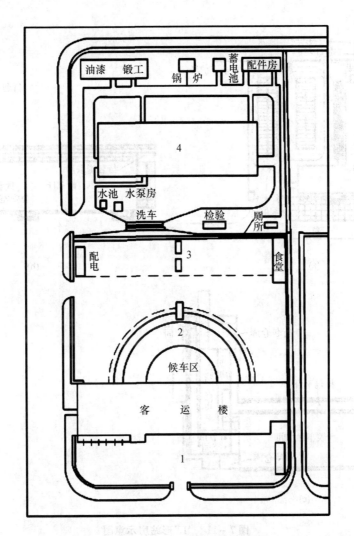

**图 7－10 "T"字形站房布置图**

1—售票综合服务厅；2—候车厅；3—停车场；4—维修车间

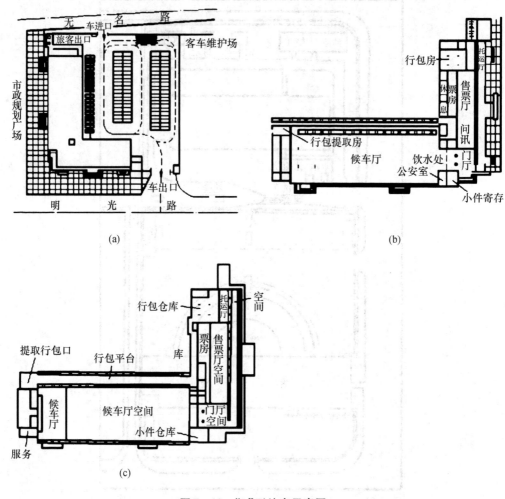

图 7 – 11　"L"形站房示意图

# 第8章 汽车货运站设计

汽车货运站是公路货物的集散点,为了适应公路货运市场发展的新形势,汽车货运结构须根据运输业务范围,进行合理分工和组织,向各自专业化方向发展,形成不同的货运网络,即形成不同的货运业务受理站点(零担、整车、集装箱)、运载工具以及运行线路组成的循回运输系统。

## 8.1 类型与站级划分

### 8.1.1 汽车货运站类型

1. 零担货运站

零担货物:托运人一次托运货物计费质量不足 3 t 时,称为零担货物。按件托运的零担货物,单件质量不超过 200 kg,单件体积不超过 1.5 m³,货物长、宽、高分别不超过 3.5 m、1.5 m、1.3 m。

零担货物运输是汽车运输企业为适应社会零星货物运输的需要,采取一车多票、集零为整、分线运送的一种货物运输的营运方式。由于零担货物具有数量小、批次多、包装不一、品种繁杂、到站分散等特点,而且许多商品价格较高,多数种类怕潮湿、怕重压,经营零担货物运输需要库房、货棚、货场等基础设施以及与之配套的装卸、搬运、堆码和苫垫等设备。在受理运输过程中,又有其独特的作业程序和要求,因而必须拥有一定业务素质的人员。与整车货运相比,零担货物运输在经营管理上有更高的要求。

作为零担货物运输服务单位和零散货物集散场所的零担货运站,其主要特点是:

(1)站务作业计划性差;

(2)站务工作量大而复杂;

(3)建站条件要求较高;

(4)设备条件要求高。

2. 整车货运站

汽车整车运输实际上是整车直达运输,这种业务本身并不需要货运站,只要运输企业提供相应的车辆,前往货主仓库,装车后直接驶往收货人的仓库或其他指定地点。因此,我们通常所说的整车货运站实际是以货运商务作业机构为代表的汽车货运站,如营业所、运

输站等,其主要特点是:

(1)它是汽车运输企业调查、组织货源、办理货运等商务作业(托运、承运、受理业务、结算运费等)的代表机构(或场所);

(2)承担汽车货运车辆的停放和保管;

(3)一般不提供仓储设施,只提供运力,从发货单位的仓库装车,负责运输过程的货物保管,直接运送到收货单位的仓库卸车;

(4)因运量大、地点较固定,所以适于采用大吨位载货车和较高生产效率的装卸机械。

3.集装箱货运站(又称集装箱公路中转站,主要承担集装箱中转运输任务)

集装箱汽车运输是国际多式联运的一个重要组成部分,它能将航空运输、铁路运输、水路运输有效地连接起来,实现"门到门"运输。同时,还能把小批量的零星货物,通过汽车运输加以集中和组织,转为集装箱运输。

集装箱汽车运输与普通运输相比发生了质的变化,其运输流程及货物装卸都具有自己的特点。就运输流程而言,以进出口集装箱为例,出口集装箱货物必须是将分散的小批量货物预先汇集到适当地区的货运站内,然后用集装箱运到码头堆场。进口的整箱货物直接送往工厂或仓库拆箱,而拼箱货物送到堆场或货运站拆箱后再分送。由于集装箱汽车运输的运送路线一般都在固定的几个货运站或堆场,因此为开展集装箱码头堆场、货运站直至仓库之间的拖挂车运输打下了良好的基础,更容易实现机械化和程序化作业。

因此,对于主要承担集装箱中转运输任务的集装箱货运站来说,其主要业务功能是:

(1)港口、车站与货主间的集装箱"门到门"运输与中转运输;

(2)集装箱货物的拆(掏)箱、装(拼)箱、仓储和接取、送达;

(3)空、重集装箱的装卸、堆存和集装箱的检查、清洗、消毒、维修;

(4)运输车辆、装卸机械与设备的检查、清洗、维修和保管;

(5)为货主代办报关、报检等货运代理业务。

## 8.1.2　汽车货运站站级划分

汽车货运站站级划分依据:年换算货物吞吐量。

汽车货运站分级(四级):

年换算货物吞吐量在 $600 \times 10^3$ t 及以上者为一级站;

年换算货物吞吐量在 $300 \times 10^3$ t ~ $600 \times 10^3$ t 者为二级站;

年换算货物吞吐量在 $150 \times 10^3$ t ~ $300 \times 10^3$ t 者为三级站;

年换算货物吞吐量不足 $150 \times 10^3$ t 者为四级站。

## 8.2　汽车货运站选址原则和步骤

根据交通部《汽车货运站(场)级别划分和建设要求》(JT/T402—1999)颁布的行业标准,汽车货运站选址原则首先应符合公路主枢纽总体布局规划和所在地区货运站(场)发展规划,若尚无上述规划,选址时则须遵循以下原则和步骤:

1.选址的原则

(1)符合城镇总体布局规划;

(2)与综合运输网合理衔接,便于组织多式联运;

(3)靠近较大货源点,并适应服务区域内的货运需求;

(4)尽量利用现有设施,并留有发展余地;

(5)具备良好的给排水、电力、道路、通信等条件;

(6)具备良好的地质条件。

2.选址的步骤

(1)收集城镇、路网、国土等有关规划和运输统计、站区内水文地质等有关资料;

(2)确定汽车货运站的服务范围和功能;

(3)测算设计年度货运站的生产规模和占地面积;

(4)根据选址原则,提出若干货运站站址备选方案;

(5)对备选站址进行现场勘查;

(6)经方案比选,确定货运站站址。

## 8.3　汽车货运站组成及功能

以汽车零担货运站和集装箱公路中转站为例介绍汽车货运站的组成及功能。

1.汽车零担货运站

(1)组成、生产工艺流程(图8-1)

$$
汽车零担站
\begin{cases}
站房:托运处、提货处 \\
仓库 \\
货棚
\end{cases}
货位、操作通道、进出仓门、装卸 \\
装卸场 \\
停车场 \\
生产辅助设施:行政业务人员和后勤管理人员工作间、 \\
司乘公寓、食堂、浴室、装卸人员休息室
$$

图8-1　汽车零担站货运生产工艺流程框图

①托运处、提货处设置在站房底层,与城市主干道有较为方便的道路衔接,以方便货主取货。

②托运处、提货处与仓库间距离力求简短便捷,便于受理托运后的货物入库保管存放。

③仓库位置与布局要便于货物入库和提取,利于货物合理存放和充分利用库容,利于提高零担车辆装卸效率,利于采用先进装卸工艺和设备。还要配备必要安全消防设施。

其中:进出仓门设置既要考虑车辆集中到达时可能同时进行装卸作业,又要考虑由于增设仓门造成仓库有效堆放面积的损失。

装卸站台设在仓库靠近装卸场一侧,要满足较多车辆同时装卸作业方便,并有利于采取装卸机械作业。装卸站台上方应设雨棚,以免货物湿损。

④装卸场与停车场应与站内车辆进出通道合理衔接,避免车流站内交叉干扰。场地大小与宽度要与采用车型相适应,保证车辆行驶、停放和装卸作业方便安全。

(2)设计年度货物吞吐量的计算

$$T_{设} = T_{统}(1 + \alpha)^n$$

式中　　$T_{统}$——货物吞吐量,$t$;

　　　　$\alpha$——货物吞吐量预计每年递增幅度;

　　　　$n$——统计年度至设计年度的年数。

(3)停车场面积计算

$$A = 3 \times N \times F \quad (\text{m}^2)$$

式中　　$N$——日均驻站最大车辆数,辆;

　　　　$F$——车辆最大投影面积,$\text{m}^2/$辆。

2.集装箱公路中转站

(1)组成、生产工艺流程

集装箱公路中转站的主要组成部分及其功能要求与零担站大致相同,不同的主要是集装箱堆场、拆装箱库和拆装箱作业区。

①集装箱堆场。满足中转箱、拼装箱、周转和维修箱等分区堆放的不同功能要求,缩短运距,避免作业交叉,准确、便捷地运送所需集装箱。

②拆装箱库和作业区。对拼装箱货物进行拆箱和装箱的作业场所,也是拼装箱零担货物的集散地。作业内容主要是把适箱零担货物装入集装箱,或从集装箱中取出,按类保管、存放和发放。因此,拆装箱库及其作业区应满足下列功能要求:设置拆装箱平台,留有足够场地以便于进行拆、装箱作业;能满足机械装卸作业所需工作场地的要求,以免相互干扰;留有适当理货空间,以利于货物的集结和疏运。

(2)站级划分

根据国家技术监督局颁布的《集装箱公路中转站站级划分及设备配备》(GB/T12419—90)国家标准,集装箱公路中转站分为四级,见表8－1。

表 8 – 1　集装箱公路中转站站级划分

| 级别 | 国际集装箱中转站 | 国内集装箱中转站 |
|---|---|---|
| 一级站 | 大型海港附近年箱运量 > 30 × 103 TEU 或年堆存量 > 9 × 103 TEU | 大型河港或主要陆运交通枢纽附近年箱运量 > 20 × 103 TEU 或年堆存量 > 6 × 103 TEU |
| 二级站 | 中型海港或主要陆运交通枢纽附近;年箱运量在 16 × 103 ~ 30 × 103 TEU 或年堆存量在 6.5 × 103 ~ 9 × 103 TEU | 中型河港或主要陆运交通枢纽附近,年箱运量在 10 × 103 ~ 20 × 103 TEU 或年堆存量在 4 × 103 ~ 6 × 103 TEU |
| 三级站 | 位于中型海港或陆运交通枢纽附近,年箱运量在 8 × 103 ~ 16 × 103 TEU 或年堆存量在 4 × 103 ~ 6.5 × 103 TEU | 位于中型河港或陆运交通枢纽附近,年箱运量在 5 × 103 ~ 10 × 103 TEU 或年堆存量在 2.5 × 103 ~ 4 × 103 TEU |
| 四级站 | 位于小型海港或陆运交通枢纽附近,年箱运量在 4 × 103 ~ 8 × 103 TEU 或年堆存量在 2.5 × 103 ~ 4 × 103 TEU | 位于小型河港或陆运交通枢纽附近,年箱运量在 2 × 103 ~ 5 × 103 TEU 或年堆存量在 1 × 103 ~ 2.5 × 103 TEU |

年箱运量:指计划年度内,由中转站运输的集装箱(标准箱)总量。

年堆存量:指计划年度内,通过中转站堆存的集装箱(标准箱)总量。

# 8.4 汽车货运站平面布置

1. 基本原则

(1)按照工作性质的不同,合理分区布置,并满足生产工艺要求和良好的生产联系。

(2)车辆及货物在站内行驶路线要短捷,避免发生相互交叉和拥挤,保证正常的秩序和运输安全。

(3)在满足城建部门对货运站建设要求的同时,应尽可能为货主提供方便。

(4)因地制宜,重视进行技术经济论证,既要考虑占地面积经济,又要适当留有发展余地。

2. 货运站平面布置的基本类型

货运站的办公楼与仓库分开建造,由于仓库的位置对零担站和集装箱站的总体布置有重要影响,以仓库为基础来说明货运站的基本布置类型。

(1)按仓库的外形可分为"一"字形、"L"形及"T"形。

(2)按仓库高度可分平地式、高台式两种。

(3)按仓库建筑层数不同可分为单层和双层两种。

(4)按仓库存放货物的类型,可分为综合仓库和专用仓库两种。

# 第9章 汽车检测站设计

## 9.1 概述

汽车各种性能的不解体检测,是汽车使用的现代化管理手段。通过检测仪器、设备和现代检测技术,能够准确、快速地检查和诊断汽车的工作状况,判断汽车的使用程度,使汽车及时地维护和修理,保证在用汽车的完好性,提高车辆运输生产效率。而汽车检测站的建立,为实现上述目标提供了必要的条件。

### 9.1.1 汽车检测站的任务

《中华人民共和国道路交通安全法》规定:机动车必须依照法律、行政法规的规定,根据车辆用途、载客载货数量、使用年限等不同情况,定期进行安全技术检验,未按规定检验或检验不合格的,不准继续行驶。

机动车辆必须按照车辆管理部门的规定定期进行检验,作为发放和审验行驶证的主要依据。营运车辆还必须根据交通运输管理部门制定的车辆检测制度,对车辆的技术状况进行定期或不定期检测,作为发放和审验"营运证"的主要依据。

1. 定期检验(年检)

年检指按照车辆管理部门规定的期限对在用车辆进行的定期检验,或根据交通运输管理部门制定的车辆检测制度,对营运车辆进行的定期检测。

车辆年检的目的是检验车辆的主要技术性能是否满足 GB7258—2004《机动车运行安全技术条件》或 GB18565—2001《营运车辆综合性能要求和检验方法》的规定,督促车属单位(车主)对车辆进行维修和更新,确保车辆具有良好的技术状况,消除事故隐患,确保行车安全。

同时,年检还使车辆管理部门全面掌握车辆分类和技术状况的变化情况,以便加强管理。由于汽车检测和审验的类型和目的不同,一般可分为汽车安全检测、汽车综合性能检测、汽车维修检测和特殊检测等四种情况。

2. 临时性检验

临时性检验是指除对车辆进行正常检验之外的车辆检验。车辆临时性检验的内容与定期检验基本相同,其目的是评价车辆性能是否满足 GB7258—2004《机动车运行安全技术条件》的要求,以确定其能否在道路上行驶,或车辆技术状况是否满足参加营运的基本要求。

车辆临时性检验的范围如下:

(1)申请领取临时号牌(如新车出厂、改装车出厂)的车辆;

(2)停驶很长时间后要求复驶的车辆;

(3)遭受严重损坏,修复后准备投入使用的车辆;

(4)车辆管理部门认为有必要进行临时检验的车辆(如春运期间、交通安全大检查期间)。

营运车辆出现下列情况时,应按主管部门的规定进行临时性检测:

(1)申请领取营运证的车辆;

(2)经批准停驶的车辆恢复行驶前;

(3)经批准封存的车辆启封使用时;

(4)改装和主要总成改造后的车辆;

(5)申请报废的车辆;

(6)其他车辆检测诊断服务。

## 9.1.2　汽车检测站的类型

1.检测站分类

按服务功能分,汽车检测站分为安全环保检测站、综合性能检测站和维修检测站。

2.检测线分类

(1)按检测对象分

汽车检测线分为大检测线(大吨位车辆)、小检测线和摩托车检测线。

(2)按自动化程度分

①手动检测线。检测设备彼此独立。

②半自动检测线。检测设备由计算机控制数据采集、处理、打印。

③全自动检测线。在半自动线上增加操作过程控制和指示。

## 9.1.3　汽车检测站的组成

1.检测站组成

检测站由一条至数条检测线组成,还包括停车场、清洗站、泵气站、维修车间、办公区和生活区等设施。

安全检测站组成:一条至数条安全环保检测线。

综合检测站组成:安全环保检测线和综合检测线。

维修检测站组成:一条至数条综合检测线。

2.检测线组成和工位布置

检测线由多个检测工位组成,布置形式多为直线通道式。检测工位则是按一定顺序分布在直线通道上。(检测工位:多个设备在一个位置上同时测试)

(1)安全环保线

三工位线:一般由外观检查工位、侧滑制动车速表工位和灯光尾气工位组成。

五工位线:汽车资料输入及安全装置检查工位、侧滑制动车速表工位、灯光尾气工位、车底检查工位、综合判定及主控制室工位。见图9-1,图9-2。

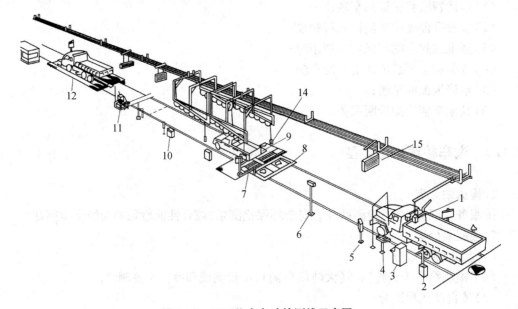

**图9-1　五工位全自动检测线示意图**

1—进线指示灯;2—烟度计;3—汽车资料登录微机;4—安全装置检查不合格项目输入键盘;

5—烟度计检验程序指示器;6.电视摄像机;7—制动试验台;8—侧滑试验台;

9—车速表试验台;10—废气分析仪;11—前照灯检测仪;12—车底检查工位;

13—主控制室;14—车速表检测申报开关;15—检验程序指示器

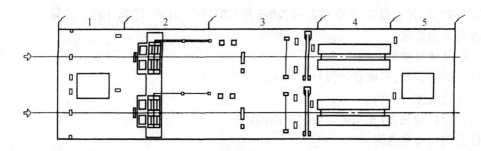

**图9-2 日本五工位全自动式安全环保检测线平面布置图**

1—汽车资料输入及安全装置检查工位;2—侧滑制动车速表工位;

3—灯光尾气工位;4—车底检查工位;5—综合判定及主控制工位

(2)综合检测线组成、布置

综合检测站分 A、B、C 三级,包括安全环保检测线和综合检测线。其综合检测线组成、布置不同,见图 9-3。

A 站综合线分为全能综合检测线和一般综合检测线。

全能综合检测线:设有包括安全环保检测线主要检测设备在内的比较齐全的工位;一般综合检测线:不包括安全环保检测线的主要检测设备。

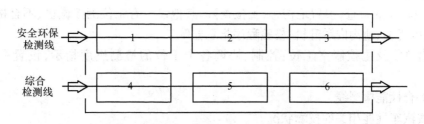

**图9-3 双线综合检测站平面布置示意图**

1—外观检查工位;2—侧滑制动车速表工位;3—灯光尾气工位;

4—外观检查及车轮定位工位;5—制动工位;6—底盘测功工位

# 9.2 检测线各工位设备与检测项目

1. 安全环保检测线

(1)检测项目

主要检测、检查与安全行车相关的项目(灯光、制动、侧滑、外观)和与环保相关的项目(尾气排放、噪声)。

①外观检测(底盘):60 项左右(发动机及车架号码、外表、灯光、门窗,三漏);

②前轮侧滑量;

③制动效果检测;

④车速表检测:车速表示值与实际车速误差;

⑤噪音检测:喇叭;

⑥前照灯检测:灯光亮度与照射方向问题;

⑦排气污染物检测。

(2)检测设备的布置

工位:一个或几个检测设备同时对汽车进行检测的位置或作业内容。

目前常用的有三工位、四工位和五工位检测线。

一般进行以下组合:

L 工位(包括汽车资料的输入工位):灯光、安全装置及外观检查(人工检查)。其他设备有进线指示灯、工位测控微机、不合格项目输入键盘、光电开关、检验程序指示器等。

A.B.S 工位:将侧滑试验台、制动试验台、车速表试验台合在一起。其他设备有工位测控机、光电开关、检验程序指示器。

H.X 工位:将前照灯检测仪、废气分析仪、喇叭检测放在一起。其他设备有工位测控机、光电开关、停车位置指示灯、检验程序指示器。

P 工位:车底检查(设置地沟,人工检查)。其他设备有工位测控微机、不合格项目输入键盘、光电开关、地沟内举升机、检验程序指示器等。

综合判定及主控制室工位:控制、协调各个工位的检测进度指示,设置在检测线出口处。

2.综合性能检测线

检查汽车性能相关的技术状况。

①测试整车性能:检测驱动轮的输出功率或驱动力,测试车速、加速性能和滑行性能,检测百公里耗油量和经济车速等。如底盘测功机,见图 9 - 4。

②测试发动机性能和技术状况:点火系,废气排放,供油系、润滑系检测,分析和判断。如发动机综合分析仪、废气分析仪(分析空燃比、燃烧状况、汽缸密封性状况和污染等状况,$CO$、$HC$、$NO$、$CO_2$ 和 $O_2$ 浓度,烟度)。

③测试底盘技术状况:车轮定位、传动系、转向系等。如四轮定位仪。

④异响检测、分析并判断:发动机和传动系。如异响分析仪。

⑤检测各总成温度和发动机排气温度。

**图 9 - 4　底盘测功机**

# 9.3　汽车检测站检测工艺程序

1. 检测站检测流程

检测站检测流程指汽车进站检测的全过程。见图 9 - 5。

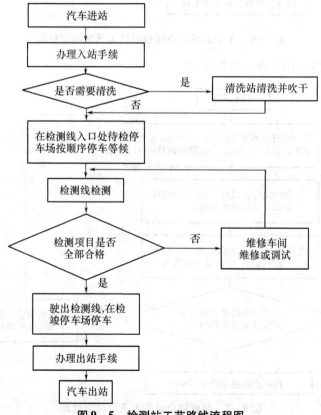

**图 9 - 5　检测站工艺路线流程图**

## 2. 检测线检测流程

检测线检测流程指汽车进检测线接受检测的全过程。

(1)安全环保检测线检测流程。见图 9 – 6。

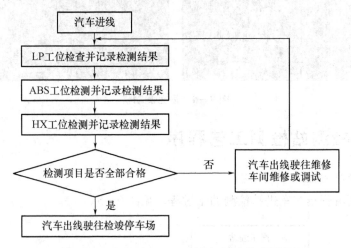

**图 9 – 6　手动式安全环保检测线工艺路线流程图**

(2)综合检测线检测流程。见图 9 – 7。

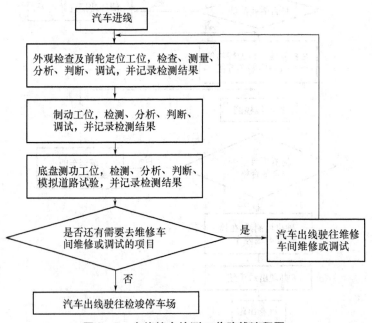

**图 9 – 7　全能综合检测工艺路线流程图**

# 第10章 物流配送中心概述

## 10.1 物流配送中心基本概念

### 10.1.1 物流

物品从供应地向接收地的实体流动过程。根据实际需要,将运输、储存、装卸搬运、包装、流通加工、配送、信息处理等基本功能实施有机的结合。泛指物质资料实体在进行社会再生产过程中,在空间上有目的的(从供应地向接收地)实体流动过程。它连接生产和消费,使货畅其流,物尽其用,促进生产不断发展,满足社会生产、消费的需要。该理论从创立至今经历了半个多世纪的发展演化,最早出现在二战后期的美国,并在欧洲及日本得到大力的发展与完善,并形成了一个成熟的产业——物流业。

"物流"这个词在汉语中属于外来词汇,最初通过日本引入国内,在国内还是一个新兴的产业。单纯从汉语构成的角度分析,我们可以将"物流"解析为"物"和"流"两个基本要素组成,物流中所称的"物",是物质资料世界中同时具备各物质实体特点和可以进行物理性位移的那一部分物质资料,而不论它处在哪个领域、哪个环节。虽然我国的物流术语标准已经将物流的"物"界定为"物品"。但由于人们在以往的研究中并没有严格界定和区分,作为一种习惯的延续,我们仍然大量使用"物资"、"物料"、"商品"、"货物"等称谓;物流中的"流",指的是物理性运动,这种运动也称之为"位移",而诸如建筑物、未砍伐的森林、矿山等因不能发生物理性运动(尽管其所有权会发生转移),就不会在物流的研究范畴之内。但建造建筑物的材料、已经砍伐的树木、已经开采出来的矿物则有可能成为物流的对象。

### 10.1.2 物流中心

根据我国物流术语标准的界定,物流中心是从事物流活动的场所或组织。物流中心应基本符合下列要求:主要面向社会服务;物流功能健全;完善的信息网络;辐射范围大;小品种、大批量;存储、吞吐能力强;物流业务统一经营、管理。现代物流网络中存在各种不同类型的物流中心,无论何种类型的物流中心都与仓库密切相关。但仓库并不代表物流中心的全部,这也是现代物流中心与传统仓库的本质区别所在。一般认为,传统的仓库是"储存和保管物品的场所",储存其中的物资大多是静态的;现代物流中心虽然也有仓库,但其对仓库的管理却是动态的。这种从静态到动态的转变,引起了仓库作业流程、功能和设备等多方面的变化,使物流中心成为物流网络中的一种新型物流据点。其中包括枢纽型物流中心和贸易型物流中心、配送型物流中心和整合型物流中心等。

### 10.1.3 物流配送活动

配送活动是按用户的订货要求,在物流中心完成分货和配货等作业后,将配好的货物送交收货人的物流过程。配送活动大多以配送中心为始点,而配送中心本身又具备储存的功能。配送活动中的分货和配货作业是为了满足用户要求而进行的,所以经常要开展拣选、改包装等组合性工作,必要的情况下还要对货物进行流通加工。配送的最终实现离不开运输,所以人们经常把面向城市或特定区域范围内的运输也称为"配送"。

### 10.1.4 物流配送中心

属于物流中心的一种,是专门从事配送活动作业的物流据点,是物流中心中数量较多的一种。物流配送中心是综合性、地域性、大批量的物资实现物理位移的集中地,它把商流、物流、信息流和资金流融为一体,成为产销企业之间的中介。配送中心则是以组织配送性销售或供应,执行实物配送为主要职能的流通型节点。综上所述,凡从事大规模、多功能物流活动的场所在本文中统称为物流配送中心。物流配送中心的主要功能是大规模集结、吞吐货物,因此必须具备运输、储存、保管、分拣、装卸、搬运、包装、加工、单证处理、信息传递、结算等主要功能,以及贸易、展示、货运代理、报关检验、物流方案设计等一系列延伸功能。

### 10.1.5 物流仓储建筑

起到保管、储存物品的建筑物和场所的总称,是构成物流配送中心的核心组成部分,是物资的主要储存地,也是物流配送活动的中转站和物流资源调度中心。对下游配送中心或需求者起到"蓄水池"式的调节作用;但也有配送中心不设仓库,而是在其他建筑中对上游供货商送来的货物直接进行分货、配货、分散和配装作业。在实践中,具体设置哪种类型的配送中心还要根据配送辐射的范围、配送货物的数量、货物对配送质量的要求以及配送的组织方法等因素来确定。

## 10.2　我国物流配送中心发展面临的问题

### 10.2.1　物流基础设施规划不合理

在物流仓储系统发展建设过程中,由于没有按照未来市场发展的需要和市场环境状况进行物流基础设施的规划,在行政部门的干预下,匆忙建立的物流仓储系统存在着面积大、数量多、仓储设备现代化水平低,区域布局不合理,乃至空间布局的不合理,从而造成了物流环节存在相互重复、冲突现象的不断发生。

### 10.2.2　物流配送中心效率低

虽然中国的物流业经过近十年的实践探索,已经建成了一批集储存、保管、再集运、养护、整理、分拣、配货、送货等功能于一体的物流配送中心,但是其中绝大多数的配送中心仍然充当着仓库或运输中转站的角色,配送中心各项功能并未得到完全的发挥,无法达到经济配送规模,从而使得物流无效作业环节增加,极大浪费了有限的人力、物力资源,阻碍了物流的效益、快速反应能力的提高,同时也削弱了物流企业的市场竞争力。

### 10.2.3　物流配送中心占地面积过大

目前物流园区等基础设施建设对土地的需求量较大,一般占地面积在 20 到 28 平方公里之间,从而造成了大规模圈地现象的普遍发生,其中除了政绩工程的动因以外,另一个主要原因是对物流设施的认识偏差和对资源整合缺乏系统考虑。城市扩张过程中的土地制约使这种建设思路难以实施,更重要的是,国家对土地占用从严控制,大规模占用土地建设物流基础设施更是难上加难。

## 10.3　国外物流配送中心的发展模式

以当今世界上物流配送业最为发达两个地区——欧洲和日本的物流配送中心为例,由于其各自不同的运行目的及所处国情,决定了欧洲和日本的物流配送中心在发展模式上走出了两条不同的道路。

## 10.3.1　日本模式

第二次世界大战之后,工业的复兴使日本经济进入高速增长时期。特别是 20 世纪 60 年代,日本经济完成了向重工业转化以后,经济增长更为迅猛。这个时期,产品产量和货物运输量均急剧增加。由此给城市交通带来了很大的压力,为缓解物流运输带给城市交通压力,同时也为提高物流效率,从促进城市经济发展的角度出发,采取了多种措施扶持企业进行物流设施建设,其中包括统一规划城市中的仓储设施建设、修建“流通团地”,并且制定规划有关物流的法律、法规,颁布倡导企业革新物流技术、更新物流设施的优惠政策。在实施物流规范过程中,日本建立了“发送中心”、“流通中心”等物流设施。

1. 日本物流配送中心的类型

随着商业连锁化经营步伐的加快,日本对社会化配送组织提出更高的要求。其发展趋势是系统内自建的物流配送中心逐步减少,而配送的社会化物流设施和物流配送共同化趋势日益显著。日本的物流配送中心有以下几种类型。

(1)大型商业企业自有的配送中心

一般由资金雄厚的商业销售公司或连锁超市公司投资建设,主要为本系统内的零售店铺配送,同时也受理社会中小零售店的配送业务。配送商品主要有食品、酒类、生鲜食品、香烟、衣物和日用品等。

(2)批发商投资,小型零售商加盟组建的配送中心

为了与大型连锁超市公司竞争,由一些小型零售企业和连锁超市加盟合作,自愿组合,接受批发商投资建设配送中心的进货与配送。这种以批发商为龙头,由零售商加盟的配送中心,实际上是商品的社会化配送。这样的配送形式,既可解决小型零售商因规模小、资金少而难以实现低成本经营的问题,也提高了批发商自身在市场的占有率,同时实现了物流设施充分利用的社会效益。

(3)接受委托,为其他企业服务的配送中心

在完成对本系统的配送外,接受其他企业的委托进行配送服务。其主要配送对象是大量小型化便利店或超市,以合同作为双方的约束手段,开展稳定的业务合作。

上述三种类型的配送中心,实际上不同程度地承担社会配送功能,并且还有进一步扩大配送范围的趋势。

2. 日本物流配送中心的特点

日本的配送中心由于实现较为成熟的电脑管理,建立严格的规章制度和配备了先进的物流设施,所以确保了商品配送过程的准确及时到位,真正起到了降低物流费用、加速流转速度、提高经济效益的作用。其特点如下:

（1）普遍实现电脑网络管理，使商品配送及时准确

由于采用计算机联网订货、记账、分拣、配货等，整个物流过程衔接紧密、准确、合理，零售商店的货架存量压缩到了最小限度，直接为零售店服务的配送中心基本上做到零库存，大大降低了缺货率，缩短了要货周期，加速了商品周转，给企业带来可观的经济效益。

（2）严格的规章制度使商品配送作业准确有序地进行，体现了优质服务

物流配送中心设立了一整套严格的规章制度，使物流配送中心的各个环节作业安排周密，按规定时间完成，并且都有详细的作业纪录。如配送冷藏食品的物流中心，对送货时间和冷藏车的温度要求严格，冷藏车司机送货到每个点都必须按照电脑排定的计划执行。配送中心对门店订货到送达之间的时间都有严格规定，一般是：保鲜程度要求高的食品，今天订货明天到；其他如香烟、可乐和百货等，今天订货后天到。如果送货途中因意外不能准时到达，必须立刻向总部联系，总部采取紧急补救措施，确保履行合同。

（3）先进的物流设施，节约了劳动力成本，并保证提供优质的商品

日本物流配送中心的物流设施都比较先进。一是自动化程度高，节约人力；二是对冷藏保鲜控制温度要求高，保证商品新鲜。收货发货，按相应电钮，电脑会自动记录，并将信息分别送到统计、结算、配车等有关部门。高架仓库的冷冻库和冷藏库设计科学合理，钢货架底座设有可移动的轨道，使用方便，大大提高了冷库的面积利用率和高度利用率。此外，在送货冷藏车上，可同时容纳三种温度的商品，确保各类商品的不同温度要求，并在整个物流过程中都能控制温度。

## 10.3.2　欧洲模式

欧洲自 1992 年加快一体化进程以来，物流发展迅速，形成了新的产业。欧盟各国政府对物流的发展给予高度重视，很多欧洲国家的物流配送中心的业务活动主要以运输货物为主，围绕着运输而进行货物配送。

1. 欧洲物流配送中心的类型

（1）直属运输业的物流配送中心

在欧洲一些国家，物流配送中心的业务活动主要以运输货物为主，它是围绕着运输而进行配送的。这样的物流配送中心运输能力较强，可调动的运输设备比较多。但是，并非所有的运输车辆都是物流配送中心自备，有些物流配送中心拥有的运输设备很少，他们向用户配送货物或运送货物主要是依靠租用社会上众多运输公司的车辆来完成的。

（2）批发业物流配送中心

这类物流配送中心主要向多家超市和商店配送各种货物，如加工食品、冷冻食品、服装、日用品和建材等，其库存能力强，配送规模大、速度快，各类设施比较完善，适应各种配送需求。

（3）零售业物流配送中心

这类配送中心隶属于零售公司，既是提供物流服务的组织，同时又是商品销售中心。

（4）汽车制造业物流配送中心

随着汽车制造业不断发展和竞争加剧，汽车配件的供给和需求不断增加。于是，在英、法等国家先后建立起了许多供应汽车配件的组织——配件中心。从职能上看，这些称作配件中心的组织，既负责向用户提供和销售配件，同时，又从事货物（配件）的存储、分拣、输送等物流活动，向用户提供系列化的后勤服务，起到物流配送中心的作用。

2.欧洲物流配送中心的特点

（1）配送中心进一步集中化

由于有了一个共同的开放的欧洲市场，近年来欧洲物流发展呈进一步集中的趋势。许多跨国公司将过去分散在各国的多个配送中心、物流中心逐步削减和整合，甚至在欧洲只保留一个配送中心，以进一步减少库存，简化中间环节，加快配送速度，降低总成本，提高物流效益。

（2）从企业物流到社会物流

进入20世纪90年代以来，在经济全球化的推动下，许多产品在世界范围内协作生产与销售，使商品的经济圈越来越大，供应链越来越长，加上产品生命周期缩短、客户服务要求提高，以及在物流管理和物流技术中大量高科技的融入，使得物流管理越来越复杂。因此，许多企业在不同程度上采取"外购"物流服务。物流因此从企业物流走向社会物流，形成了社会化物流的需求市场和供给市场，促使物流服务业的发展。

（3）运输企业向物流服务转化

不论陆运、海运、空运企业，都从不同的运输方式向物流服务转化，例如，从事远洋运输的丹麦的马士基、荷兰的铁行渣华，从事公路运输的英国 EXEL 公司、荷兰的 TNT，等等。这些世界级运输企业，在最近的10年里，都已完成了向物流业的转化，成为各国物流发展的重要力量。从发达国家的情况看，许多做得成功的第三方物流服务企业，也是从运输企业发展转化而来的[6]。

# 10.4 电子商务与物流配送网络——以苏宁易购为例

随着经济的不断发展和信息高速公路的建设，电子商务由于其方便、快捷、安全等特点引起了人们的广泛关注，掀起了一股热潮，成为经济发展的一个新亮点。当然，要实现虚拟的网络电子货币进行买卖，这一切都是离不开物流的，而电子商务的出现也大大加快了物流产业的发展步伐。网络技术和应用的不断发展使得电子商务与物流的关系越来越紧密，一方面网络为物流的发展提供了一个非常广阔的发展前景和技术支持，可以说没有网络就没有现代物流，另一方面网络又给现代物流提供了新的发展方向和新的客户需求。

苏宁易购是苏宁电器集团的新一代 B2C 网上商城,它打造了中国最大的电子商务平台,它以苏宁电器实体店为强大后盾,依托规模采购和本身的品牌优势,与苏宁电器共享实体店面、物流配送和售后服务网络,加速建立高水平的网络购物平台,为网购消费者提供最满意各类商品购物服务。

目前,苏宁易购在南京、北京、上海、广州等十个地区都有自己的始发仓库,可配送至全国绝大部分地区。苏宁易购以"网络集成化、作业机械化、管理信息化、人才知识化"为发展目标,借助自主开发的 WMS、TMS 等管理系统建立了收、存、发、运、送的管理信息系统,实现对客户的"优质、快速、满意"的物流服务。但随着苏宁易购的不断扩大发展,对物流配送的要求也越来越高,为了能够长期持续发展,就迫切需要探究更加完善的物流配送模式[7]。

早在 1999 年,苏宁电器就对电子商务进行了研究,承办首个电器商城,尝试将门户之间的网购进行嫁接,在 2005 年开始向 B2C 行业进军。直到 2009 年苏宁电器网上商城正式更名为苏宁易购,在 2010 年 2 月 1 日网上购物平台"苏宁易购"正式对外上线。

苏宁易购的物流配送体系可以分为两个部分:小件商品采用易购自己的仓库;大件商品则利用苏宁线下的配送体系进行配送。

苏宁易购依据企业本身规模大小、商品销售量以及网点分布情况等多方面的因素,建立一个或若干个将商流、信息流、物流于一体的配送中心,并且依靠自身构建的网络体系来展开配送业务。

为了使服务链从门店延伸至物流仓库和消费者家庭,苏宁易购创造性地提出了"最后一公里"的物流配送理念,提高了小件配送的安全性,运用自身的毛细物流体系,避免配送过程中漏件、换件、少件等恶劣现象,确保安全、准确配送。目前已完成了 1 300 个快递点的布局,覆盖全国 330 个大中小城市。始发仓库已达到 10 个,分别是:南京、北京、上海、广州、沈阳、成都、武汉、西安、杭州、深圳等地,每个始发仓库都为不同的地区服务。苏宁易购配送中心还运用了苏宁易购易付宝、电话支付模式、本地化配送,大家电免运费等更多的系统技术服务顾客。

# 第 11 章　物流配送中心的选址

## 11.1　物流配送中心选址概述

物流配送中心的位置在整个物流系统中占有非常重要的地位,属于物流管理战略层的问题。物流的实际运动空间表现为网络结构形式,由点和线构成。"点"通常称为物流节点,"线"一般指运输线路。物流配送中心(物流节点)是物流网络中十分重要的组成部分。在物流配送中心要完成多种物流活动要素,如包装、装卸、保管、分货、配货、流通加工等。同时,物流配送中心还要与运输过程相互衔接,协调不同等级的运输过程。因此,物流配送中心的优化配置对物流系统的效率和运行成本具有重要的影响。从发展趋势来看,物流配送中心不仅执行一般的物流职能,而且越来越多地要执行指挥调度、处理信息等职能,是整个物流网络的关键所在,受到各方面的广泛重视。因此,物流配送中心的合理选址是企业发展的战略决策问题。

不论是政府进行社会物流系统规划,还是企业拓展经营网络,都要进行物流配送中心的合理选址分析。因为建设物流配送中心投资规模大、占用大量城市土地以及建成后不易调整,对社会物流和企业经营具有长期的影响,所以对物流配送中心的选址决策必须进行详细论证。选址的失误对于社会物流系统而言,可能会导致社会生产和商品交换的无秩序和低效率;对于企业经营而言,可能因为效率低、不能满足客户需求而直接影响企业的经营利润。

影响物流配送中心选址的因素繁多,下面四个方面是评价物流配送中心选址合理与否时必须要重点考虑的因素。

### 11.1.1　影响因素

1. 社会环境

(1)要充分考虑运输费用。新建物流配送中心要使总的物流运输成本最小化,大多数物流配送中心选择接近物流服务需求地,以便缩短运输距离,降低费用。

(2)要能实现准时运送。应保证客户在任何时候提出物流需求都能获得快速满意的服务。

(3)新建物流配送中心要能很好地适应货物的特性。经营不同类型货物的物流配送中心最好能分别布局在不同地域。

2. 自然环境

(1)地质条件。物流配送中心是大量货物的集结地。某些质量很大的建筑材料堆垛起来会对地面造成很大压力,如果物流配送中心地面以下存在着淤泥层、流沙层、松土层等不良地质条件,会在受压地段造成沉陷、翻浆等严重后果。为此,要求土壤承载力要好。

(2)气象条件。物流配送中心在选址过程中,主要考虑的气象条件有温度、风力、降水量、无霜期、冻土深度、年平均蒸发量等指标。如选址时要避开风口,因为在风口会加速露天堆放货物的老化。

(3)地形条件。物流配送中心应建在地势高、地形平坦的地方,且应具有适当的面积。选在完全平坦的地形上是最理想的;其次选择稍有坡度或起伏的地方,应该完全避开地形上有陡坡的地方。

(4)水文条件。物流配送中心在选址时必须远离容易泛滥的河川流域与上溢地下水的区域,要认真考察近年的水文资料,地下水位不能过高,洪泛区、内涝区、河道、干河滩等区域绝对不能作为物流配送中心的地址。

3. 经营环境

(1)经营环境。物流配选中心所在地区优惠的物流产业政策对物流企业的经济效益将产生重要影响;数量充足和素质较高的劳动力条件也是物流配送中心选址考虑的因素之一。

(2)物流费用是物流配送中心选址的重点考虑因素之一。大多数物流配送中心选择接近物流服务需求地,例如,接近大型工业区、商业区,以便缩短运输距离,降低运费等物流费用。

(3)货物特性。经营不同类型货物的物流配送中心最好能分别布局在不同地域,如生产型物流配送中心的选址应与当地的产业结构、产品结构、工业布局等进行结合考虑。

(4)服务水平是物流配送中心选址的考虑因素之一。由于在现代物流过程中能否实现准时运送是服务水平高低的重要指标,因此,在物流配送中心选址时,应保证用户在任何时候向物流配送中心提出物流需求时,都能获得快速满意的物流服务。

4. 基础设施状况

(1)交通条件。物流配送中心必须具备方便的交通运输条件,最好靠近交通枢纽布局,如紧临港口、交通主干道枢纽、铁路编组站或机场,有两种以上运输方式相衔接。公路运输是物流配送中心的主要货运方式,靠近交通便捷的干道进出口是物流配送中心选址的主要考虑因素之一。由于我国地域辽阔,铁路的运力强、费用低,同时水运也有运输成本低的优势,因此,大规模的物流配送中心最好靠近铁路、港口。

(2)公共设施状况。物流配送中心的所在地要求道路、通信等公共设施齐备,有充足的供电、水、热、燃气的能力,且场区周围要有污水、固体废弃物的处理能力。

基础设施状况因素的权重系数一般是 0.2～0.4，该因素仅次于经营环境因素，应在物流配送中心选址评价时占较大的权重。

5.其他因素

（1）土地资源利用。物流配送中心的规划应贯彻节约用地、充分利用国土资源的原则。物流配进中心一般占地面积较大，周围还需留有足够的发展空间，因此地价的高低对布局规划有重要影响。此外，物流配送中心的布局还要兼顾区域与城市规划用地的其他要素。

（2）环境保护要求。物流配送中心的选址需要考虑保护自然环境与人文环境等因素，尽可能降低对城市生活的干扰。对大型转运枢纽，应适当设置在远离市中心区的地方，使城市交通环境状况能够得到改善，城市的生态建设得以维持和发展。

（3）周边状况。物流配送中心是火灾重点防护单位。不宜设在易散发火种的工业设施（如木材加工、冶金企业）附近，也不宜选择居民住宅区附近。

自然环境因素的权重系数一般是 0.1～0.3。在物流配送中心备选地址的自然环境条件相差不大的情况下，可将该权重确定得小一些，否则应大一些。其他因素的权重系数要视具体情况而定，一般在 0.1～0.2。经营环境的权重系数一般是 0.3～0.5，这是进行物流配送中心选址时应考虑的主要因素。

## 11.1.2　物流配送中心选址的决策步骤

物流配送中心选址决策包括几个层次的筛选，是一个逐步缩小范围的过程。

1.收集、整理历史资料

通过对历史资料的收集和整理，可以获得关于物流系统现状的认识，以确定物流配送中心服务对象的需求条件，并初步确定物流配送中心的选址原则。获得准确的第一手资料对后续备选地址的选择以及定量化模型的设计均有重要作用。

2.选定备选地址

在进行物流配送中心位置选择时，首先要根据上述各影响因素进行定性分析和审慎评估，大致确定出几个备选地址。在确定备选地址时首先要确定地区范围，如在世界范围内选择，首先确定某个国家，在某一个国家范围内选择，首先确定某个省份，然后第二步要做的是进一步将位置确定在某个城市或商业地区。

备选地址的选择是否恰当，将直接影响到后续对最优方案的确定，备选地址过多，后续优化方案的工作量将过大，成本高。备选方案过少，可能导致最后的方案远离最优方案，选址效果差，所以合适的备选地址的确定是物流配送中心选址及网点布局中非常关键的一步。在备选地址确定后，最后一步要做的是更详细地考察若干具体地点。可以在此基础上建立数学模型，通过定量化计算，得到优化后的地址。近年来，选址理论发展迅速，计算机技术也得到广泛应用，这些发展都为物流配送中心的选址提供了技术支持。

3.优化结果复查

由于在定量分析中主要考察对选址产生影响的经济性因素,所以当我们直接应用定量模型得出的结果进行物流配送中心选址时,常常会发现在经济上最为可取的选址地点在实际上却行不通,这是因为除了经济性因素以外。还有很多非经济因素影响物流配送中心坐落地点的确定,如前面我们介绍过的自然条件、劳动力因素等。因此,在该一步骤里要将其他非经济性因素考虑进去,如综合地理、地形、环境、交通、劳动力,以及有关法规等条件对优化结果进行评价,看优化结果是否具有现实可行性。

复查时,要将各项影响因素根据它们的影响程度赋予相应的权重,采用加权法进行复查。

4.确定最终方案

如果优化结果通过复查,即可将优化结果作为最终方案。如果没有通过复查,则重新返回第二步,进行备选地址筛选、优化备选地址、复查等一系列步骤,直至最终得到结果。

## 11.1.3　物流配送中心选址的进一步探讨

在对选址方法进行讨论之前,将选址问题划分成几种类型,将会对分析选址问题有所帮助。

1.按驱动力划分

在决定设施定位的因素中,通常某一个因素会比其他因素更重要。在工厂和仓库选址中,最重要的因素一般是经济因素;零售店选址时,地点因素带来的收入往往起决定性作用,地点因素带来的收入减去场地成本就得到该地点的赢利能力;在服务设施(医院、自动化银行、慈善捐赠中心或维护设施)的选址中,交通便利程度则可能是首要的选址要素,在收入和成本难以确定时尤其如此。

2.按选择的离散程度划分

某些方法需要考察一个连续空间内所有可能的点,并选择其中最优的一个,这就是连续选址法。另一种方法是在一系列可能方案中做出选择,这些方案事先已经过合理性分析,这种方法就是离散选址法。后者在实践中更为常用,主要针对多设施选址问题。

3.按设施的数量划分

单一设施的选址与同时对多个设施进行选址是截然不同的两个问题。单一设施选址无须考虑竞争力、设施之间需求的分配、集中库存的效果、设施的成本等因素,其主要考虑因素为运输成本,因此规划较为简单;而多设施选址问题则复杂得多,它需综合与均衡考虑多个因素。

4.按时间维度划分

选址方法的性质可以是静态的,也可以是动态的。静态方法是以某单一时期(如一年)

的数据为基础进行选址。而动态方法则用于多个阶段选址。

5. 按数据的集成程度划分

选址问题往往涉及对众多网络设计布局的评估。为了控制问题的规模以便于求解,在解决实际选址问题时,有必要使用集成的数据关系。

由于该方法精度有限,所以只能将设施定位在较大的地理范围内(如整个城市)。另一方面,使用集成度较小的数据关系的方法,尤其是场地选址法,能够对只隔一条城市街道的不同位置加以区别。后者在零售业选址和对工厂、仓库的最终位置做选择时尤其重要。

# 11.2　物流配送中心单一设施选址方法

## 11.2.1　基本解析法

基本解析方法通常是指物流地理重心方法。这种方法通常只考虑运输成本对配送中心选址的影响,而运输成本一般是运输需求量、距离以及时间的函数,所以解析方法根据距离、需求量、时间或三者的结合,通过在坐标上显示,以配送中心位置为因变量,用代数方法来求解物流配送中心的坐标。

基本解析方法考虑影响因素较少,模型简单,主要适用于单个物流中心选址问题。对于复杂的选址问题,用解析方法常常感到困难,通常需要借助其他更为综合的分析技术和方法。

基本解析方法只考虑与运输成本相关的需求量、距离或时间三者中的某一个变量,来解出使运输成本最低的物流配送中心的坐标。

当只考虑距离时,基本解析方法可以被称为距离中心法。距离中心法的思想是通过不断反复才能得到一个不断改进的配送中心位置。由于是单一设施选址,所以配送中心的运营成本固定不变,而运输费用随距离而变化,建设成本可以视为固定不变,因此可以只考虑在不同地点设置配送中心,因距各用户距离变化而引起的运输费用的变化,找出运输总费用最小的点,并将其作为最佳设施坐落点。

## 11.2.2　精确重心法

求解配送中心最佳地址的模型有离散型和连续型两种。重心法模型是连续型模型,相对于离散型模型来说,其配送中心地点的选择是不加特定限制的,有自由选择的长处。可是从另一个方面来看,重心法模型的自由度过多也是一个缺点,因为由迭代法计算求得的最佳地点实际上往往很难找到,有的地点很可能在湖泊上或街道中间等。此外,迭代计算非常复杂,这也是连续型模型的缺点之一。

选址时,运输费用在生产成本中占有较大比例的情况下,由一个工厂向多个配送中心或仓库发货,或由一个配送中心或仓库向多个销售点送货,都适宜于采用精确重心法。应用此方法时,运输费用等于货物运输量与运输距离以及运输费率的乘积。

# 11.3　物流配送中心多设施选址方法

## 11.3.1　物流配送中心多设施选址最优规划方法

### 1. 混合整数规划

混合整数规划法是通过给定离散的决策变量、目标函数与约束条件,使其能够对所考虑的问题进行较为全面和客观的描述,适合于解决物流网络设计中常见的、较为复杂的选址问题。

我们所考虑的问题可以描述为:某几家工厂生产数种产品,这些工厂的生产能力为已知,每个消费区对每种产品的需求量也已知。产品首先从工厂运送到仓库,集中后再经由仓库运往消费区,使消费区的需求得到满足,而且每个路费区由某一指定仓库独家供货,各个仓库能承受的总的年吞吐量有上限和下限的要求。仓库成本表示为固定成本(实际用地所承担的费用,包括固定投资、维护费用、工人工资等)加上线性可变成本(包括货物的搬运费用、存储费用等)。运输成本被看作是线性的,与运输的距离有关。现在的决策目标是,找出物流网络中仓库的数量、规模和位置,使得通过该网络运送所有产品的固定成本和线性可变成本在下列条件约束下降至最低,即:

(1)不能超过每个工厂的供货能力;

(2)所有产品的需求必须得到满足;

(3)各仓库的吞吐量不能超过其吞吐能力;

(4)必须达到最低吞吐量,仓库才可以开始远营;

(5)同一消费区需要的所有产品必须由同一仓库供给。

### 2. 运输规划方法

实际生活中常常会遇到这样的问题,一个多层次物流配送中心网络在若干年前已经建成,但经过一段时间后,用户及其需求发生了很大的变化,需要对这个网络进行布局调整,重新分派各子配送中心的配送范围以及配送量。对于工厂供应多个需求点(仓库、工厂、配送中心和销售点)的问题,通常用线性规划法求解更为方便,可以同时确定多个设施的位置,其目的也是使所有设施的生产运输费用最小。在相应约束条件下令所求目标函数为最小。

3. 配送中心选址的启发式方法

启发式方法是一种逐次逼近最优解的方法,启发式方法与最优规划方法的最大不同在于它不是精确式算法,不能保证给出的解决方案是最优的,但只要处理得当,获得的可行解与最优解是非常接近的,而且启发式算法相对最优规划方法计算简单,求解速度快。所以在实际应用中,启发式方法是仅次于最优规划方法的选址方法。

## 11.3.2　启发式算法

用启发式方法进行配送中心选址及网点布局时,首先要定义计算总费用的方法,拟定判别准则,规定改进途径,然后给出初始方案,迭代求解。

1. CFLP 法

CFLP(capacitated facility location problem)法是用线性规划中的运输规划法来确定各配送中心的市场占有率。求出配送分担地区的重心,再用混合整数规划法来确定场址的建设位置。当配送中心的能力有限,而且用户的地址和需求量以及设置多个配送中心的数目均已确定的情况下,可采用 CFLP 法,从由多个物流配送中心组成的配送系统备选地点中选出总费用最小的物流配送中心。

其基本步骤为:首先设定物流配送中心的备选地点,然后在保证总运输费用最小的前提下,求出各暂定物流配送中心的供应范围,再在已求出的供应范围内分别移动物流配送中心至其他备选地点,以使在供应范围内的总费用下降。当移动物流配送中心至其他各备选地点都不能继续使本区域总费用下降时,则计算结束;否则,继续移动物流配送中心到新地点,并求其供应范围。重复以上过程,直到费用不再下降为止。

2. Cluster 法

Cluster 法的基本思路是先将物流配送中心定位在各个需求点,然后通过对需求点进行组合以降低物流配送中心的数目,并根据组合后的需求点的几何重心安排新的配送中心地址,直到总费用不再降低为止。这种方法相对其他方法而言,要简便得多。

3. 综合因素评价法

综合因素评价法是一种全面考虑各种影响因素,并根据各影响因素的重要性程度,对方案进行评价、打分的方法,以找出最优的选址方案。

鉴于以上各种选址及网点布局方法各有优缺点,目前关于哪一种方法是最优的还有不同看法,但实际运用中通常以最优化规划方法为主,再综合其他各种方法以确定最终的选址及网点。无论应用哪种方法,获得准确的数据以及应用各种模型的技巧都是成功选址的必要前提,因为对于一个实际的选址问题,单独应用以上任何方法都难以获得最佳的方案。

### 11.3.3　综合因素评价法

综合因素评价法有分级评分法、积点法和因次分析法等,它们的共同特点是对各选址影响因素根据其不同的影响程度分别考虑,综合评价各个影响因素,使评价结果更加客观,方案更加可行。

1. 分级评分法

分级评分法的基本步骤如下:

步骤一:针对设施选择的基本要求和特点,列出要考虑的各种因素。

步骤二:根据各因素的相对重要性程度,分别规定相应权重。

步骤三:对每个方案进行审查,并按每个因素的优劣排出该因素在各个方案中的等级系数。

步骤四:把每个方案的每个因素的等级系数与权重乘积相加,得出每一个方案的总分数。所有方案中,总分数最高者为最佳。

2. 积点法

积点法与分级评分法很相似,只是在对每一因素赋值时略有不同。积点法要求按因素优劣程度的比例分配积点数,这方面比分级评分法的相应做法更客观一些。

积点法的具体步骤如下:

步骤一:确定所要考虑的主要因素,数量最好在 5~15 个之间。

步骤二:确定某一备选方案可能得到的最高积点。通常最高总积点为 500 点或1 000点。

步骤三:确定每一因素的最高积点,确定原则是将某一备选方案中各因素按重要性排列,积点数与因素重要性成正比,各因素的最高积点数之和等于该方案最高总积点数。

步骤四:针对每一因素,比较各备选方案,依次给予适当的积点,注意赋予积点时,该因素要按照优劣不同赋予不同积点数,并且在最佳方案中,该因素的值不能超过上面所确定的最高限度。

步骤五:就每一备选方案,可将每一个因素的所得积点数相加,总积点至最高者为最佳。

# 第 12 章　物流配送中心的作业流程及物流需求预测

物流配送中心的作用在于"化零为整"和"化整为零",使得物品迅速流转。

物流配送中心的基本作业流程包括七项作业活动:客户及订单管理、入库作业、理货作业、装卸搬运作业、流通加工作业、出库作业、配送作业。

## 12.1　物流配送中心作业的基本环节

1. 备货

备货即指准备货物的系列活动。它是配送的基础环节。严格来说,备货应当包括两项具体活动:筹集货物和储存货物。

(1)筹集货物。筹集货物是由订货或购货、进货、集货及相关的验货、结算等一系列活动组成的。

(2)储存货物。储存货物是购货、进货活动的延续。

2. 理货

理货是配送的一项重要内容,也是配送区别于一般送货的重要标志。理货包括货物分拣、配货和包装等作业。

3. 送货

送货是配送活动的核心,也是备货和理货工序的延伸。

## 12.2　配送中心的具体作业流程

配送作业的具体内容包括:订单处理、进货、搬运装卸、储存、加工、拣选、包装、配装、送货、送达服务等作业项目,它们之间衔接紧密,环环相扣,整个过程既包括实体物流,又包括信息流,同时还包括资金流。

1. 进货

进货就是配送中心根据客户的需要,为配送业务的顺利实施,而从事的组织商品货源和进行商品存储的一系列活动。

进货是配送的准备工作或基础工作,它是配送的基础环节,又是决定配送成败与否、规模大小的最基础环节。同时,也是决定配送效益高低的关键环节。

## 2.订单处理

从接到客户订单开始到着手准备拣货之间的作业阶段,称为订单处理。订单处理是与客户直接沟通的作业阶段,对后续的拣选作业、调度和配送产生直接的影响,是其他各项作业的基础。

订单是配送中心开展配送业务的依据,配送中心接到客户订单以后需要对订单加以处理,据以安排分拣、补货、配货、送货等作业环节。

订单处理方式:人工处理和计算机处理。目前主要采用计算机处理方式。

## 3.拣货

拣货作业是依据顾客的订货要求或配送中心的送货计划,迅速、准确地将商品向从其储位或其他区域拣取出来,并按一定的方式进行分类、集中,等待配装送货的作业过程。

拣货过程是配送不同于一般形式的送货以及其他物流形式的重要的功能要素,是整个配送中心作业系统的核心工序。

拣货作业:按分拣的手段不同,可分为人工分拣、机械分拣和自动分拣三大类。

## 4.补货

补货是库存管理中的一项重要的内容,根据以往的经验,或者相关的统计技术方法,或者计算机系统的帮助确定的最优库存水平和最优订购量,并根据所确定的最优库存水平和最优订购量,在库存低于最优库存水平时发出存货再订购指令,以确保存货中的每一种产品都在目标服务水平下达到最优库存水平。

补货作业的目的是保证拣货区有货可拣,是保证充足货源的基础。补货通常是以托盘为单位,从货物保管区将货品移到拣货区的作业过程。

## 5.配货

配送中心为了顺利、有序、方便地向客户发送商品,对组织来的各种货物进行整理,并依据订单要求进行组合的过程。配货也就是指使用各种拣选设备和传输装置,将存放的货物,按客户的要求分拣出来,配备齐全,送入指定发货区。

配货作业与拣货作业不可分割,二者一起构成了一项完整的作业。通过分拣配货可达到按客户要求进行高水平送货的目的。

## 6.送货

配送业务中的送货作业包含将货物装车并实际配送,而达到这些作业则需要事先规划配送区域的划分或配送线路的安排,由配送路线选用的先后次序来决定商品装车顺序,并在商品配送途中进行商品跟踪、控制,制订配送途中意外状况及送货后文件的处理办法。

送货通常是一种短距离、小批量、高频率的运输形式。它以服务为目标,以尽可能满足客户需求为宗旨。

## 7.流通加工

流通加工是配送的前沿,它是衔接储存与末端运输的关键环节。流通加工是指物品在从生产领域向消费领域流动的过程中,流通主体(即流通当事人)为了完善流通服务功能,为了促进销售、维护产品质量和提高物流效率而开展的一项活动。

流通加工的目的:(1)适应多样化客户的需求;(2)提高商品的附加值;(3)规避风险,推进物流系统化。

不同的货物,流通加工的内容是不一样的。

8. 退货

退货或换货在经营物流业中不可避免,但尽量减少,因为退货或换货的处理,只会大幅增加物流成本,减少利润。发生退货或换货的主要原因包括:瑕疵品回收、搬运中的损坏、商品送错退回、商品不满意退回。

## 12.3　物流需求预测概述

预测是根据具体的决策需要,依据事物以往发展的客观规律性和当前出现的各种可能性,运用现有的科学方法和手段,对事物发展的规律性和未来状态做出的估计、测算和推断。

预测研究的范围极为广泛,几乎涉及人类社会的各个领域,如社会预测、科技预测、政治预测、军事预测、文化预测、环境预测和经济预测,虽然各类预测都有其各自预测的领域、对象、方式和手段,但它们共同的本质特征就是对各自领域研究对象的未来不确定的变化趋势进行估测和推断。

1. 物流需求预测内容

(1)对市场总潜力进行预测。

(2)对企业经营地区市场潜力进行预测。

(3)企业经营地区范围内社会购买力的发展趋势预测。

(4)企业所生产和经营产品的需求趋势预测。

(5)产品生命周期及新产品投入市场的成功率预测。

(6)产品市场占有情况预测。

2. 物流需求预测原则与方法

物流需求预测原则有可知性原则、系统性原则、连续性原则、类推性原则和因果性原则。

物流需求预测方法主要有:

(1)自顶向下方法(分解法):适用于较稳定的市场需求环境或需求量在整个市场上波动不太大的情况;

(2)自底向上方法:适用于系统需求影响因素不多,并用历史数据较充分的情况。

3. 物流需求预测程序

(1)确定预测的对象和目标。

(2)搜集预测资料和分析判断。

(3)选定预测方法和技术并做出判断。

(4)分析预测误差和最终完成预测报告。

4. 常用方法

物流需求预测常用方法有定性预测方法和定量预测方法。

定性是主观的预测方法,依赖于人们的判断和意见做出预测。定性预测方法适用于缺少历史数据或专家关于市场的见解对于预测十分重要的情况。其特点是时间短,成本低,操作性强,但受主观因素的影响较大。定量预测方法的科学理论性强,逻辑推理缜密,但成本高,应用困难,需要一定的理论基础。

# 12.4　物流需求预测注意事项

1. 数据缺乏的问题

物流需求预测多属于时间序列数据的拟合和预测分析,所以物流管理人员应重点掌握时间序列数据的处理和分析方法。但是时间序列预测法一般对数据数量和质量要求较高,很多物流系统的数据积累满足不了这一要求,如在研究 2008 年北京奥运会物流需求分析时,就几乎没有可供使用的直接数据。由于物流受到人们重视的时间较短,有关物流方面的数据没有独立的统计口径,有效数据的获得很难。对于这种情况,需要预测人员通过各种可能渠道搜集相关数据,如专业人士的分析、政府相关的政策、具有一定类比性的统计数据等,做出大胆的推断和假设,从而得到较为理想的预测效果。

2. 新产品或服务的物流需求预测

物流需求预测,很大一部分是为企业的产品销售服务的。对于已经进入成长期或是成熟期的产品,其物流需求有一定的历史资料可供使用。但是企业在推出新的产品或服务时需要为之提供的物流支持,就没有可用的历史数据作为预测的基础,此时可以采用以下几种方法:

(1)加强物流系统的反应速度,将预测任务交给营销人员来做

新产品在投入期时,需求是不平稳的,营销部门对促销活动的力度、用户的反应和接受程度了解得最透彻,从而能够做出比较准确的预测。当积累了一定的需求历史数据,产品的需求呈现出一定的规律性时,就可以使用现有的预测方法。

(2)可以利用同类产品的需求模式估计新产品的销售情况

虽然企业的产品更新很快,但是全新的产品是很少的,多数产品只是规格、外观或是功能上的改进。所以,类似产品的需求模式可以对新产品最初的需求预测提供一些参考。

(3)通过调整参数的方法来对变化做出响应

新产品或服务的物流需求预测需要不断跟踪趋势变化,因此可以通过调整参数的方法,使预测模型能够对变化做出更快的响应。如使用指数平滑法进行预测,在最初预测阶段可以将指数平滑系数定得很高,一旦得到了足够的历史数据,就可以将平滑系数降低到一般水平。

**3. 异常需求的处理**

物流需求有时会受到外界情况的干扰而出现异常波动。通常竞争性产品、互补性产品的变化,甚至是气候的变化都会影响到产品需求的变化,而外界情况的变化是无法预期的。如果一个时间序列的波动幅度大,那么很难用数学方法对这种不规律需求进行准确预测。通常我们可以采取以下处理方法:

(1)分析导致需求异常的关键原因,利用这些因素对不规律产品的需求进行单独预测;

(2)如果找不到需求偏移的原因,就采用较为简单、平稳的方法进行预测,如基本的指数平滑法,同时取较小的平滑系数,避免预测结果对异常变化做出过激的反应。

**4. 汇总预测与分解预测**

物流需求具有很强的地域性,因此,物流需求预测需要给出地域性的结果,一般可采用分解法或汇总法。换句话说,物流需求预测人员需要考虑是对需求进行总量预测,然后按地区(如工厂或仓库供货范围)分配,还是对每一地区单独进行预测,再根据需要汇总。从统计学的角度看,对需求总量进行预测再分配到各个地区的效果要好于对各地区需求单独进行预测后再加总的效果,后者需要注意牛鞭效应所产生的放大效果。

但是,对物流需求方面的研究还没有明确指出哪种方法更好,因此物流需求预测人员必须对汇总预测与分解预测都有所了解,在具体工作中还要对两种方法进行比较分析。

**5. 建立快速反应的物流系统弥补预测误差**

通过对物流需求的预测,我们可以在实际需求未发生时,确定生产、采购和库存的水平,从而在一定程度上保证随时需要随时供给。但是任何预测都会存在误差,尤其是预测方法本身所具有的系统误差是无法消除的。而且统计预测假设时间序列的观测值是随机独立的,每一个观测值只是总体的一个微小部分,这往往与一些实际情况不符,使用上述预测方法很可能会产生巨大的预测误差,使预测失去实际意义。要弥补预测误差的负面影响,最好的方法是能够建立快速反应的物流系统,改善业务流程,加强供应链的协作,提高对需求的反应速度,从而提高物流服务效率。如果供应链的流程非常畅通,能够对每一个客户的要求均灵活、有效地做出反应,而且几乎在客户提出要求的同时就能做出反应,那么就没有必要进行预测。如果需求像大多数情况那样是规律的,则按预测的需求水平组织供给仍然是首选的做法。

# 参 考 文 献

[1] 张三省,姚志刚.公路运输枢纽规划与设计[M].北京:人民交通出版社,2007.

[2] 米雪玉,张林,轧红颖.我国物流业发展现状及对策研究[J].公路交通科技,2014,(7):376-378.

[3] Mi Xue yu, Jang jun na. The Site selection and optimization of Tangshan Passenger West Station[J]. JATIT, 2013,1:580-585.

[4] 刘云霞.现代物流配送管理[M].北京:北京交通大学出版社,2009.

[5] 米雪玉,张林,李珊珊.苏宁易购物流配送网络构建策略[J].公路交通科技,2014(6):395-397.

[6] 李林奎.达明公司物流配送系统规划与设计[D].西安:西北工业大学,2003.

[7] 胡永举,黄芳.交通港站与枢纽设计[M].北京:人民交通出版社,2012.

[8] 韩宝明.铁路客运专线换乘枢纽交通设计理论与方法[M].北京:北京交通大学出版社,2010.

[9] 宋年秀,王耀斌.运输枢纽与场站设计[M].北京:机械工业出版社,2006.

[10] 崔淑华.汽车服务场站设计[M].北京:人民交通出版社,2010.

[11] 张晶.我国中小企业物流模式分析[J].企业研究,2010(9):48-49.

[12] 张琳.新经济形势下国内中小物流企业发展方向思考[J].中国物流与采购,2010,21:72-73.

[13] 汪鸣.我国物流业发展展望及管理体制问题[J].物流工程与管理,2011(1):15-18.

[14] 史铿纬.更新物流观念,推进集约发展——提高钢铁企业物流快速响应能力的思考[N].宝钢日报,2011-3-29.

[15] Gheorghe Militaru, Daniel Serbanica. Competitive Advantage by Integrated E-business in Supply Chains: A Strategic Approach[J]. Management & Marketing, 2008(1):27-36.

[16] 于长胜.电子商务时代的供应链管理研究[J].电子商务,2012(3):115-116.

[17] 尹涛.电子商务对物流的研究及对策研究[J].财经论丛,2011(7):203.

[18] 胡宾,易菁.电子商务环境下虚拟物流信息服务平台构建[J].商业时代,2012(3):51-52.

[19] 赵皎云.苏宁易购提速物流[J].物流技术与运用,2011(10):62-65.

[20] 陈宇.苏宁易购——巨头的反击[J].销售与市场,2012(6):66-69.

[21]于淼,张丽慧,于蠡. 由苏宁物流配送模式引发的思考[J]. 管理现代化,2008
　　(6):30-32.

[22]中华人民共和国铁道部.铁路车站及枢纽设计规范(GB 50091—2006)[S].北京:中国
　　计划出版社,2006.